开发者书库·Python

# Python App网络编程项目实战

#### 微课视频版

董相志 刘飞 崔光海 编著
Dong Xiangzhi　Liu Fei　Cui Guanghai

清华大学出版社

北京

## 内 容 简 介

本书共9章,设计了9个与网络编程相关的App。第1、2章为全局性、通用性基础知识。第3~9章完成了7个具有较高实用价值的App,依次是网络爬虫App、DenseNet App、智能Web App、智能Android App、智能桌面App、人脸考勤App和机器人聊天App。

本书具备高阶性、创新性与挑战性,可作为网络工程、软件工程、计算机科学与技术、人工智能等专业的本科生教材,也可作为毕业设计指导教材、创新创业训练指导教材、实训实习指导教材,适合研究生和工程技术人员学习参考。

本书封面贴有清华大学出版社防伪标签,无标签者不得销售。
版权所有,侵权必究。举报:010-62782989,beiqinquan@tup.tsinghua.edu.cn。

**图书在版编目(CIP)数据**

Python App 网络编程项目实战:微课视频版/董相志,刘飞,崔光海编著. —北京:清华大学出版社, 2021.12 (2022.8重印)

(清华开发者书库. Python)

ISBN 978-7-302-59245-7

Ⅰ. ①P… Ⅱ. ①董… ②刘… ③崔… Ⅲ. ①软件工具-程序设计 Ⅳ. ①TP311.561

中国版本图书馆 CIP 数据核字(2021)第 191813 号

责任编辑:黄 芝 张爱华
封面设计:刘 键
责任校对:焦丽丽
责任印制:宋 林

出版发行:清华大学出版社
  网　　址:http://www.tup.com.cn,http://www.wqbook.com
  地　　址:北京清华大学学研大厦A座　　邮　编:100084
  社 总 机:010-83470000　　邮　购:010-62786544
  投稿与读者服务:010-62776969,c-service@tup.tsinghua.edu.cn
  质量反馈:010-62772015,zhiliang@tup.tsinghua.edu.cn
  课件下载:http://www.tup.com.cn,010-83470236
印 装 者:北京国马印刷厂
经　　销:全国新华书店
开　　本:185mm×260mm　　印　张:14　　字　数:337千字
版　　次:2021年12月第1版　　印　次:2022年8月第2次印刷
印　　数:2001~3500
定　　价:59.80元

产品编号:091347-01

# 前 言
## PREFACE

本书源于三位作者多年网络编程教学经验，立足高阶性、创新性与挑战性的教学需要，形成了四方面特色。

（1）编程智网，逐梦强音。把网络编程放到人工智能应用场景中讲授，应了智能时代与网络时代强强联合、强强融合的发展大势。教学应该逐梦最强音。

（2）案例迭代，一以贯之。案例迭代性强，关联性强，适合联合起来强化学习；同时案例兼具独立性，满足个性化学习需要。

（3）导学问学，有的放矢。配有同步微课视频，完美呈现教学细节，有利于学生课前自学。如果学生能够做足课前准备，那么老师的课堂教学就会更具创造性，老师可把更多精力用于课堂上的导学、问学，形成课堂上"四两拨千斤"的教学效果。

（4）拓展格局，学以致用。从五个应用维度解析网络编程：智能应用、Web 应用、Android 应用、桌面应用、多媒体应用。通过多方位、多角度的对比学习，使学生更容易养成知识体系的大局观。

全书共 9 章，第 1~2 章由刘飞编写，第 3~4 章由崔光海编写，第 5~9 章由董相志编写。

第 6 章的 Android 客户机采用 Kotlin 编写，其他各章的客户机与服务器均采用 Python 语言编写。

各章内容简述如下。

第 1 章概述网络编程的全局性基础知识与方法。

第 2 章旨在增强网络编程人员对网络通信的分析与驾驭能力。

第 3 章解析网络数据采集方法，用爬虫从网络上自动采集苹果树病虫害数据，并直接为第 5、6 章的案例提供数据支持。

第 4 章基于 DenseNet121 创建苹果树病虫害识别模型，该模型被直接应用到第 5~7 章的案例实践中。

第 5 章将 Web API 网络编程与人工智能应用结合起来，实现 Web 版的网络智能应用。

第 6 章将 Android 平台的网络编程与人工智能应用结合起来，实现 Android 版的网络智能应用。该章客户端采用 Kotlin 编写，服务器端仍然采用 Python 语言编写。

第 7 章将 Socket 网络编程与人工智能应用结合起来，实现桌面版的网络智能应用。

第 8 章将人脸识别与 Socket 网络编程结合起来，实现基于网络的分布式人脸考勤应用。

第 9 章基于机器问答模型实现人机对话，演示了文本、图片、文件、声音、视频等多媒体即时通信的编程方法。

本书得到了清华大学出版社编辑老师的严谨审校和精心编排,在此致以衷心感谢!

本书配套微课视频,读者可先扫描封底刮刮卡内二维码获得权限,再扫描书中二维码观看。本书还配套课件、源代码等教学资源,读者从清华大学出版社网站下载。

好作品离不开读者的反馈,欢迎您的批评指正。如果您是高校教师,欢迎加入"网络编程甲天下"教师群,编者联系方式、教师群加入方式等详见"教学资源"。让我们一起切磋,一起进步,"网络编程甲天下"欢迎您!

最后,赋词一首,与君分享。

念奴娇·网络编程

网络之道,联万物,遂有万般气象。
驭网编程,翻火焰,世界因你而变。
微信QQ,云联闪付,暂领风骚耳。
青萍之末,焉知雄风不来?

奇思妙想智联网,天下英雄争闪亮。
案例迭代向前走,小步迭成大模样。
百转千回,一以贯之,望尽天涯路。
同学年少,气吞万里如虎。

编　者

2021 年 6 月

# 目录
## CONTENTS

第 1 章　网络编程基础 ··············································································· 1
   1.1　准备开发环境 ············································································ 1
   1.2　客户机/服务器模式 ···································································· 1
   1.3　TCP/IP 通信协议 ········································································ 2
   1.4　TCP ·························································································· 4
   1.5　UDP ························································································· 5
   1.6　端口 ·························································································· 7
   1.7　IPv4 与 IPv6 ············································································· 8
   1.8　NAT ························································································· 9
   1.9　HTTP 与 HTTPS ······································································· 9
   1.10　IMAP/POP3 与 SMTP ····························································· 11
   1.11　Python I/O 数据流 ··································································· 12
   1.12　Python 进程与线程 ·································································· 13
   1.13　Python Socket 编程 ·································································· 14
   1.14　Python 网络编程库 ·································································· 16
   1.15　第一个服务器程序 ··································································· 17
   1.16　第一个客户机程序 ··································································· 19
   1.17　小结 ······················································································ 21
   1.18　习题 ······················································································ 21

第 2 章　Wireshark 数据包解析 ································································· 23
   2.1　安装 Wireshark ········································································· 23
   2.2　捕获回环地址数据包 ································································ 23
   2.3　Wireshark 过滤器 ····································································· 24
   2.4　数据包解析 ·············································································· 25
   2.5　TCP 控制头解析 ······································································· 26
   2.6　UDP 控制头解析 ······································································ 27
   2.7　IPv4 与 IPv6 控制头解析 ·························································· 28
   2.8　HTTP 解析 ·············································································· 30
   2.9　ARP 解析 ················································································ 31

2.10 用 Python 解析数据包 …… 32
2.11 小结 …… 32
2.12 习题 …… 32

## 第 3 章 网络爬虫 App …… 34

3.1 主模块概要设计 …… 34
3.2 子模块概要设计 …… 36
3.3 抓取页面 …… 36
3.4 页面解析 …… 37
3.5 创建数据库 …… 39
3.6 写入数据库 …… 40
3.7 下载图片 …… 41
3.8 集成测试 …… 41
3.9 小结 …… 43
3.10 习题 …… 43

## 第 4 章 DenseNet App …… 44

4.1 数据集简介 …… 44
4.2 模块概要设计 …… 45
4.3 数据集观察 …… 47
4.4 分类观察 …… 49
4.5 类别分布 …… 52
4.6 数据增强 …… 54
4.7 划分数据集 …… 55
4.8 DenseNet121 模型定义 …… 57
4.9 DenseNet121 模型训练 …… 61
4.10 DenseNet121 模型评估 …… 62
4.11 DenseNet121 模型预测 …… 63
4.12 小结 …… 67
4.13 习题 …… 67

## 第 5 章 智能 Web App …… 69

5.1 环境准备 …… 69
5.2 项目概要设计 …… 69
5.3 新建 Flask Web 项目 …… 70
5.4 HTTP 状态码 …… 71
5.5 获取 URL 参数 …… 72
5.6 定义用户数据表 …… 72
5.7 用户注册 …… 73

5.8　JSON Web 令牌 74
5.9　用户登录 75
5.10　发送邮件找回密码 76
5.11　查询记录 77
5.12　添加记录 78
5.13　更新记录 79
5.14　删除记录 79
5.15　分类预测 80
5.16　前端页面 81
5.17　小结 82
5.18　习题 83

## 第 6 章　智能 Android App 84

6.1　创建 Android 项目 84
6.2　定义项目结构 85
6.3　定义界面 86
6.4　定义视图导航 93
6.5　定义项目菜单 94
6.6　全局性常量与变量 96
6.7　图像资源 96
6.8　设置项目权限 98
6.9　配置项目依赖 98
6.10　定义实体类 100
6.11　网络访问服务接口 100
6.12　ViewModel 组件 101
6.13　首页模块设计 102
6.14　数据绑定方法 105
6.15　MainActivity 设计 106
6.16　详情模块设计 107
6.17　识别模块设计 110
6.18　小结 115
6.19　习题 116

## 第 7 章　智能桌面 App 117

7.1　客户机/服务器通信逻辑 117
7.2　数据交换协议 118
7.3　服务器主体逻辑 119
7.4　服务器会话线程 120
7.5　客户机主体逻辑 123

7.6 客户机发送数据 …… 124
7.7 客户机接收数据 …… 125
7.8 客户机界面设计 …… 128
7.9 线程池 …… 131
7.10 联合测试 …… 132
7.11 小结 …… 135
7.12 习题 …… 135

## 第 8 章 人脸考勤 App …… 137

8.1 项目初始化 …… 137
8.2 人脸检测 …… 138
8.3 人脸识别 …… 138
8.4 数据采集 …… 139
8.5 自定义人脸识别模型 …… 141
8.6 VGG-Face 模型 …… 146
8.7 人脸相似度计算 …… 148
8.8 员工照片采集 …… 149
8.9 服务器主程序 …… 150
8.10 服务器会话线程 …… 153
8.11 客户机主程序 …… 156
8.12 客户机收发消息 …… 159
8.13 联合测试 …… 161
8.14 小结 …… 162
8.15 习题 …… 162

## 第 9 章 机器人聊天 App …… 164

9.1 图灵机器人 …… 164
9.2 项目概要设计 …… 166
9.3 服务器主程序 …… 167
9.4 聊天服务器 …… 168
9.5 服务器接收消息 …… 170
9.6 服务器发送消息 …… 172
9.7 文件服务器 …… 174
9.8 图片服务器 …… 177
9.9 客户机主程序 …… 179
9.10 客户机登录 …… 182
9.11 客户机发送消息 …… 183
9.12 客户机接收消息 …… 185
9.13 表情包 …… 188

| | | |
|---|---|---|
| 9.14 | 上传图片 | 190 |
| 9.15 | 截屏 | 191 |
| 9.16 | 文件上传与下载 | 193 |
| 9.17 | 视频服务类 | 196 |
| 9.18 | 语音服务类 | 199 |
| 9.19 | 语音和视频控制面板 | 201 |
| 9.20 | 语音和视频聊天主程序 | 203 |
| 9.21 | 多场景综合测试 | 205 |
| 9.22 | 小结 | 207 |
| 9.23 | 习题 | 207 |

附录 A　全书项目结构图 ·········· 209

# 第 1 章 网络编程基础

万网互联,万物互联,网络编程无处不在。网络编程的基础是正确理解通信协议、理解 I/O 数据流、理解多线程和 Socket 编程。通过本章的学习,有助于理解网络编程涉及的理论方法、理解基于 Python 的网络编程体系架构,并且实践自己的第一个客户机/服务器程序,夯实 Python 网络编程的理论基础与实践基础。

## 1.1 准备开发环境

视频讲解

开发环境配置包括三项工作,分别是安装 Python、安装 PyCharm 社区版、注册 GitHub 并安装 Git,流程如图 1.1 所示。

图 1.1 开发环境配置流程

访问 Python 官方网站,下载并安装 Python3.8 软件包。Python 软件包中已经内置了若干常用的网络编程库,后续可以根据需要,增加其他第三方编程库。

访问 PyCharm 官方网站,下载并安装 PyCharm 社区版。PyCharm 为 Python 编程提供了非常友好的开发环境,有助于提升项目管理效率。

访问 GitHub 官方网站,用个人邮箱免费注册开发者会员账号。

访问 Git 官方网站,下载并安装 Git 软件包。

启动 PyCharm,新建项目 NetworkProgram。NetworkProgram 将作为本书项目的根目录,除了第 6 章的案例需要在 Android Studio 中单独创建以外,其余各章案例项目均作为 NetworkProgram 的子目录进行组织。关于 NetworkProgram 项目的初始创建和虚拟环境配置,详情参见本节视频教程。

## 1.2 客户机/服务器模式

视频讲解

客户机/服务器(Client/Server,CS)模式是一种分布式计算模型,其体系结构如图 1.2 所示。服务器处于中心地位,响应和处理各种客户机的请求,服务器是资源服务提供者,客户机是资源服务请求者。就客户机与服务器的内涵与外延而言,应该既包含物理设备,又包含软件程序。本书统一将运行于客户端的程序称为客户机程序(或客户机进程),运行于服务器端的程序统称为服务器程序(或服务器进程)。

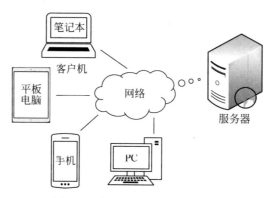

图 1.2 客户机/服务器体系结构

客户机与服务器一般通过网络相连,客户机程序与服务器程序之间的通信称为网间进程通信。客户机程序与服务器程序也可以同时驻留于同一物理主机系统中,这种情况称为主机内部进程通信。

客户机与服务器的角色定位不是绝对的,某些情况下,一台主机可以同时扮演客户机与服务器角色,即网络两端的主机既是客户机又是服务器。

视频讲解

## 1.3 TCP/IP 通信协议

TCP/IP(Transmission Control Protocol/Internet Protocol)即传输控制协议/网际协议,是网络通信的工业标准。TCP/IP 是一种分层结构,有四层结构与五层结构两种描述法,分层顺序及其对应关系如图 1.3 所示。

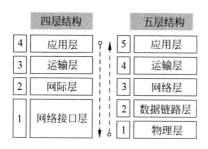

图 1.3 TCP/IP 分层顺序及其对应关系

单从名称看,有时会误认为 TCP/IP 只有 TCP 和 IP 两种协议,事实上 TCP/IP 代表的是一个庞大的协议分层体系,为示区别,有时用"TCP/IP 协议簇"表征整个协议体系。在 TCP/IP 协议簇中,TCP 和 IP 分别处于运输层和网际层,TCP 和 IP 仅是协议簇中最具代表性的两个子协议而已。TCP/IP 协议簇的分层描述与开放互联参考模型(Open System Interconnection Reference Model,OSI)的对应关系如图 1.4 所示。

通过协议的分层结构,可以更为清晰地理解数据的封包与拆包过程。以数据的发送和接收为例,数据经由 TCP/IP 的传输过程如图 1.5 所示。

发送逻辑分步描述如下。

(1) 应用层完成数据的定义、表示和预处理,交给运输层。

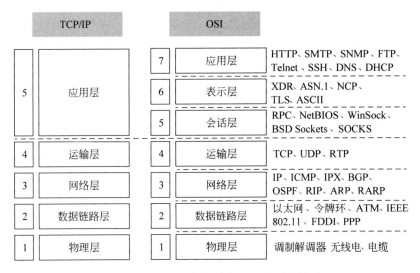

图 1.4　TCP/IP 协议簇与 OSI 的对应关系

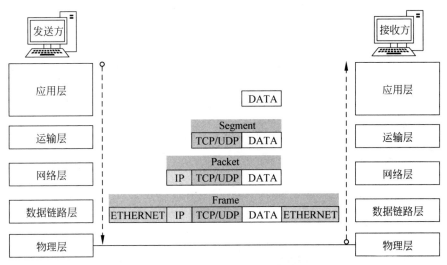

图 1.5　数据经由 TCP/IP 的传输过程

（2）运输层完成 TCP 或 UDP 的协议控制，添加 TCP 或 UDP 包头（包头中包含数据的分段信息以及应用进程端口号等），交给网络层。

（3）网络层完成 IP 路由地址控制，添加 IP 包头（IP 包头包含主机的寻址信息），交给数据链路层。

（4）数据链路层完成数据流发送前的分组控制，添加帧头形成数据帧（帧头包含主机的物理地址等信息），交给物理层。

（5）物理层完成数据比特流的控制与运输工作。

简言之，发送方根据各层协议，通过添加包头完成数据的控制与封装，接收方则是一个逆过程，分层反向拆解包头，数据最终到达目的应用进程。

视频讲解

## 1.4 TCP

TCP 与 UDP(User Datagram Protocol,用户数据报协议)是定义在传输层上的两种传输协议,代表了两种不同的数据传输控制模式。

数据文件往往需要分成若干的"数据小块",才能在网络间传输,接收方需要将收到的"数据小块"合成为完整的文件。如果存在"数据小块"丢失、损坏、乱序等情况,接收方将无法得到正确的文件。TCP 自身具备纠错机制,提供可靠传输服务,UDP 则不保证可靠传输。

基于 TCP 的数据交换过程可以分为建立连接、数据交换、释放连接三个阶段,如图 1.6 所示。

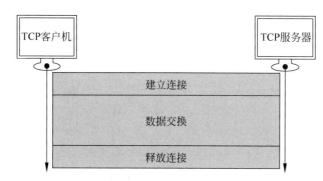

图 1.6　TCP 数据交换过程

TCP 对"数据小块"添加 TCP Header 完成 TCP 报文段的封装与控制。TCP Header 的结构如图 1.7 所示。

| 16b | 16b | |
|---|---|---|
| 源端口号 | 目的端口号 | |
| 序号 | | |
| 确认序号 | | |
| 首部长度(4b) 保留(6b) URG ACK PSH RST SYN FIN | 窗口大小 | 20B |
| 校验和 | 紧急指针 | |
| 选项(0~40B) | | |
| 数据(可选) | | |

图 1.7　TCP Header 结构

TCP 通过"三报文握手"建立连接,三报文握手过程如图 1.8 所示。

TCP 数据交换结束后,TCP 通过"四报文挥手"释放连接,四报文挥手过程如图 1.9 所示。

其中 MSL(Maximum Segment Lifetime)表示最长报文段寿命,RFC793 建议为 2min。

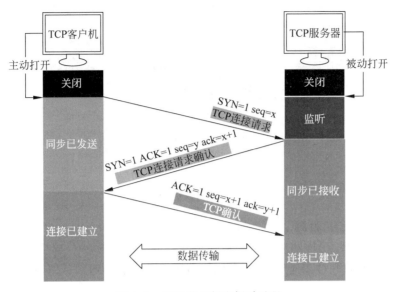

图 1.8　TCP 的三报文握手过程

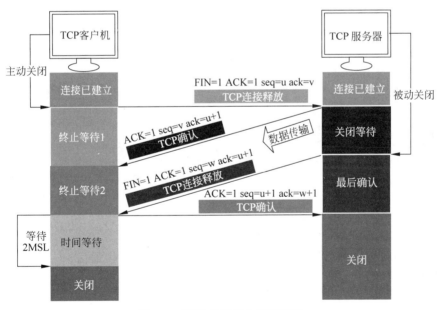

图 1.9　TCP 的四报文挥手过程

## 1.5　UDP

基于 UDP 的数据交换过程无须关注连接问题，数据交换的双方可以随时相互交换数据包，实现点对点通信，其数据交换过程如图 1.10 所示。UDP 不保障数据的可靠传输，是一种尽最大能力交付数据的运输模式。

与 TCP Header 相对复杂的结构相比，UDP Header 的结构非常简单，只包含源端口、

图 1.10 UDP 数据交换过程

目的端口、报文长度和校验四个字段,如图 1.11 所示。

UDP 常见有单播、组播和广播三种通信模式,如图 1.12 所示。单播实现一对一通信,广播实现全网范围的一对多通信,组播是限定范围内的一对多通信。例如,视频会议一般采用组播。

图 1.11 UDP Header 结构

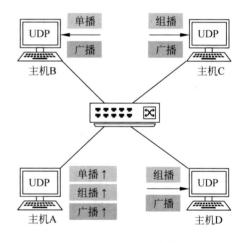

图 1.12 UDP 通信模式

如果多台主机同时进行组播或广播,则可实现多对一、多对多通信。

UDP 与 TCP 同为运输控制协议,结构不同,运行控制原理不同,主要区别如表 1.1 所示。

表 1.1 TCP 与 UDP 的主要区别

| TCP | UDP |
| --- | --- |
| 面向连接 | 无连接 |
| 一条 TCP 连接只有两个会话端点,只能一对一通信 | 支持一对一、一对多、多对一、多对多通信 |
| 应用层交付的数据需要分组为字节流形式的报文段 | 应用层交付的数据打包成报文 |
| 可靠传输,使用流量控制和拥塞控制 | 尽最大努力交付,不使用流量控制和拥塞控制 |
| 头部最小 20B,最大 60B | 头部只有 8B |
| 整体开销大,适用于可靠性优先的应用 | 整体开销小,适用于需要快速反应的实时应用 |

## 1.6 端口

在主机地址确定的情况下,运输层通过端口号识别寻址不同的应用进程,端口号的寻址范围为 0~65 535,根据端口的占用和规划情况,一般将端口号分为三类,分别对应三个不同的端口区间。

(1) 系统预留端口:预留给常见服务的端口,范围为 0~1023。

(2) 注册占用端口:可被注册占用的端口,范围为 1024~49 151。

(3) 临时动态端口:可被临时动态随机分配的端口,范围为 49 152~65 535。

为了解析端口号的寻址作用,以图 1.13 所示的 Web 访问为例。假定地址为 111.102.100.60 的服务器上同时运行 HTTP、SMTP、FTP 三种不同的服务,分别对应端口号 80、25、21,客户机地址为 192.168.0.102,客户机通过浏览器向服务器发出 Web 请求,这个请求不但包含了客户机进程的地址和端口(192.168.0.102:53 620),也包含服务器进程的地址和端口(111.102.100.60:80),客户机随机动态选择端口 53 620,服务器的端口是明确指定的。服务器根据客户机的地址与端口回送响应的数据至客户机进程。可见,端口号的作用在于寻址同一主机上的不同应用进程。

图 1.13 端口号寻址不同的服务进程

一些常见的系统预留端口号及其用途如表 1.2 所示。

表 1.2 常见的系统预留端口号及其用途

| 端口号 | 用 途 | 端口号 | 用 途 |
| --- | --- | --- | --- |
| 20 | 文件传输协议(FTP)——数据传输 | 53 | 域名服务系统(DNS) |
| 21 | 文件传输协议(FTP)——命令传输 | 80 | 超文本传输协议(HTTP) |
| 22 | 安全登录协议(SSH) | 110 | 邮局协议(POP3) |
| 23 | 远程登录协议(Telnet) | 143 | 因特网信息访问协议(IMAP) |
| 25 | 简单邮件传输协议(SMTP) | 443 | 超文本传输安全协议(HTTPS) |

用 netstat 命令查看本地主机的网络连接情况,如图 1.14 所示,每一个连接给出了协议、本地地址、本地端口、外部地址、远程端口以及连接状态信息。

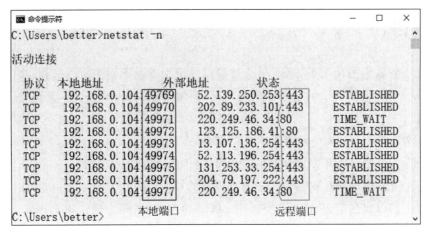

图 1.14 用 netstat 命令查看网络连接示例

## 1.7 IPv4 与 IPv6

IPv4 头部结构如图 1.15 所示,固定长度为 20B,包含可变部分的最大长度为 60B,表示源地址与目的地址的长度均为 4B(32 位),故 IPv4 可表达的地址空间为 $2^{32}$,约为 42 亿。

图 1.15 IPv4 头部结构

IPv6 头部结构如图 1.16 所示,其固定长度为 40B,表示源地址与目标地址的长度均为 16B(128 位),故 IPv6 可表达的地址空间为 $2^{128}$,约为 $3.4 \times 10^{38}$。

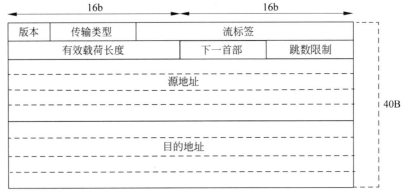

图 1.16 IPv6 头部结构

IPv6 中的 Hop Limit 字段与 IPv4 中的 Time to Live 字段含义相同，但是 IPv4 中的头部长度、报文总长度、标识符、标志位、报文段偏移、协议、头部校验等字段在 IPv6 中通通消失，得益于其强大的寻址能力设计，IPv6 控制头反而比 IPv4 更加简洁高效。

## 1.8 NAT

视频讲解

网络地址转换（Network Address Translation，NAT）是一种在 IP 数据包通过路由器时修改网络地址的技术，可以将当前地址空间中的 IP 地址映射到另一个地址空间。NAT 在路由器上维护一个地址转换表，存储网络内部地址与外部网络地址的映射关系，如图 1.17 所示。NAT 技术有效解决了 IPv4 地址资源不足的问题，使得局域网的私有地址可以通过路由器的公用地址访问外部网络。

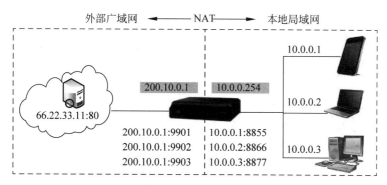

图 1.17 NAT 示例

如图 1.17 所示，路由器有两个地址，一个连接本地网络，一个连接外部网络。假定本地网络中的三台主机需要访问外部网络上的服务器 66.22.33.11:80，则基于端口构建的 NAT 地址表如图 1.17 所示，本地主机发送的数据首先到达路由器，路由器采用 NAT 地址表中分配的外部地址访问外部网络，外部网络响应的数据仍然首先到达路由器，路由器再通过 NAT 地址表寻址到内部主机。

## 1.9 HTTP 与 HTTPS

超文本传输协议（Hypertext Transfer Protocol，HTTP）是一种以请求—响应模式工作的应用层协议，通常运行于 TCP 之上，它规定了客户端如何向服务器发送请求，服务器如何向客户端回应请求。

HTTP 传输的是明文数据，超文本安全传输协议（Hypertext Transfer Protocol Secure，HTTPS）则是基于 HTTP 进行的安全扩展，HTTPS 对 HTTP 数据流实施 SSL 或 TSL 加密以保障数据安全。如图 1.18 所示，HTTP 与 HTTPS 的根本区别是在请求与响应阶段，是否采用 SSL/TLS 安全技术。

HTTPS URL 以"https://"开头，默认使用端口 443，而 HTTP URL 以"http://"开头，默认使用端口 80。

HTTP 数据流未经加密处理，容易受到黑客窃听和攻击，例如窃取账户密码、注入恶意

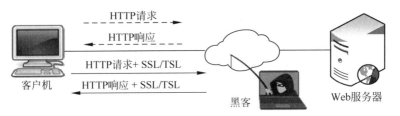

图 1.18　HTTP 与 HTTPS 的请求响应模式比较

软件等,而 HTTPS 则可以有效抵御此类攻击,保障信息安全。

访问百度首页,用谷歌浏览器查看 HTTP 的头部信息,头部的一般结构包括访问方法、协议、URL 地址、访问的 IP 地址和端口、访问策略等信息。

```
Request URL: https://www.baidu.com/
Request Method: GET
Status Code: 200 OK
Remote Address: 110.242.68.3:443
Referrer Policy: strict-origin-when-cross-origin
```

请求头部的结构包括访问方法、协议、连接状态、浏览器、可接受的返回数据类型、支持的压缩数据类型、支持的语言类型和向网站提交的 Cookie 等信息。

```
GET / HTTP/1.1
Host: www.baidu.com
Connection: keep-alive
Cache-Control: max-age=0
Upgrade-Insecure-Requests: 1
User-Agent: Mozilla/5.0 (Windows NT 10.0; Win64; x64) …
Accept: text/html,application/xhtml+xml,application/xml …
Sec-Fetch-Site: none
Sec-Fetch-Mode: navigate
Sec-Fetch-User: ?1
Sec-Fetch-Dest: document
Accept-Encoding: gzip, deflate
Accept-Language: zh-CN,zh;q=0.9
Cookie:BIDUPSID=796E0C7D537DE87F08A97A914942CD95 …
```

响应头部的结构包括协议、版本、响应状态、连接状态、数据压缩格式、数据编码格式、服务器响应的 Cookie、是否采用 HTTPS 访问服务器等。

```
HTTP/1.1 200 OK
Bdpagetype: 2
Bdqid: 0xe47005d500013e1a
Cache-Control: private
Connection: keep-alive
Content-Encoding: gzip
Content-Type: text/html;charset=utf-8
Date: Tue, 09 Feb 2021 00:48:17 GMT
```

```
Expires: Tue, 09 Feb 2021 00:48:17 GMT
Server: BWS/1.1
Set-Cookie: BDSVRTM = 331; path = /
Set-Cookie: BD_HOME = 1; path = /
Set-Cookie: H_PS_PSSID = 33423_33517_33441; path = /; domain = .baidu.com
Strict-Transport-Security: max-age = 172800
Traceid: 1612831697240799975416460663050425417242
X-Ua-Compatible: IE = Edge,chrome = 1
```

## 1.10　IMAP/POP3 与 SMTP

视频讲解

因特网信息访问协议(Internet Message Access Protocol,IMAP)是允许多个邮件客户端共享同一工作视图访问邮件服务器的协议,客户端获取的只是邮件副本,客户端访问服务器上的邮件后,邮件主本仍然驻留于服务器上。

如图 1.19 所示,基于 IMAP 的客户端 A、B、C 看到的是同一工作视图,各自维护一份邮件副本,IMAP 邮件服务器上保存的是邮件主本。如果客户端 A 创建、修改、移动或删除了某一邮件,则相应的变化会同步到服务器以及客户端 B、C 的工作视图上。

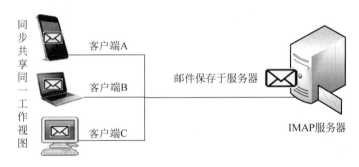

图 1.19　IMAP 邮件客户端共享同一工作视图

邮局协议版本 3(Post Office Protocol version 3,POP3)与 IMAP 一样,都是流行的邮件访问协议,不同的是 POP3 客户端维持独立工作视图,邮件从服务器下载到客户端后,不再保留服务器上的邮件主本。

如图 1.20 所示,客户端 C 下载某一邮件后,该邮件相当于从服务器移动到了客户端 C,客户端 A 和 B 将无法再从服务器上获取该邮件。如果希望客户端 A、B、C 能够访问收取同一邮件,则需要在客户端 A、B、C 设置收取邮件选项,保留邮件主本于服务器上,如此一来,无论是哪个客户端先收取了邮件,其他客户端都有机会独立地收取同一邮件。

IMAP 或 POP3 支持客户端从服务器收取邮件,而简单邮件传输协议(Simple Mail Transfer Protocol,SMTP)则是专用于发送邮件的协议,如图 1.21 所示,邮件发送者 A 需要将一封邮件发送到邮件接受者 B,A 先用自己的邮箱账户,采用 SMTP,将邮件从客户端 A 发送到 A 方的 Email 服务器,A 方 Email 服务器收到邮件后,根据邮件目的地址,继续采用 SMTP 转发至接收方 B 的 Email 服务器,接收者 B 通过 IMAP 或 POP3 访问 B 方的邮件服务器,获取来自发送者 A 的邮件。

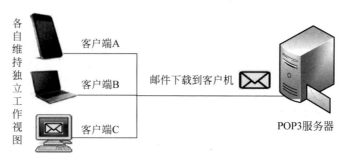

图 1.20　POP3 邮件客户端维持独立工作视图

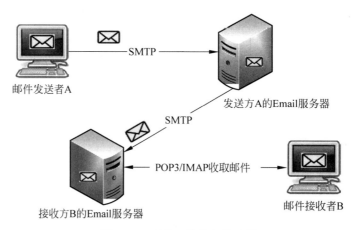

图 1.21　SMTP 发送邮件过程

## 1.11　Python I/O 数据流

Python 的 I/O 模块定义了文本 I/O、二进制 I/O 和原始 I/O 三种数据流类型,文本 I/O 直接读写字符流,以字符对象形式读写文件、内存、网络等;二进制 I/O 直接读写字节流,以字节流形式读写文件、内存、网络等,原始 I/O 是更为低级的 I/O 模块,不如前两种应用广泛,主要针对文件流操作,如图 1.22 所示。

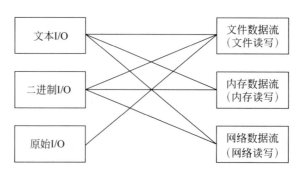

图 1.22　Python I/O 流的三种基本形式

在项目 NetworkProgram 下创建子目录 chapter1。以内存流的操作为例,程序段 P1.1 给出了一个简单的文本 I/O 读写内存示例,存放于 chapter1 目录,程序名称为 StringIO.py。

```
P1.1:文本 I/O 流演示
01  import io                                  # 导入 io 模块
02  f = io.StringIO()                          # 定义文本流
03  f.write('好好学习,')                        # 写入流
04  f.write('天天向上! ')                       # 写入流
05  print(f.getvalue())
06  f = io.StringIO('胡马大宛名,\n锋棱瘦骨成.')  # 定义文本流
07  while True:
08      s = f.readline()                       # 读取流
09      if s == '':
10          break
11      print(s.strip())
```

## 1.12 Python 进程与线程

视频讲解

Python 支持进程与线程两种并发编程模式,multiprocessing 模块支持进程编程模式,threading 模块支持线程编程模式。

进程与线程均受操作系统调度与管理,进程是正在运行的程序,线程是比进程更小的程序单位。进程包含一个或多个线程,多线程工作模式如图 1.23 所示,其中只有一个线程为主线程,其他线程为子线程或工作线程。

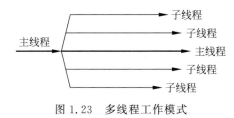

图 1.23  多线程工作模式

线程拥有相对独立的工作空间,并且在进程的范围内共享资源,如图 1.24 所示,分别给出了单线程进程与多线程进程的运行空间示意图。

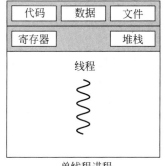

图 1.24  进程与线程的关系

线程的生命周期如图 1.25 所示，包括创建、运行、阻塞、结束四个状态，状态之间的切换逻辑是：

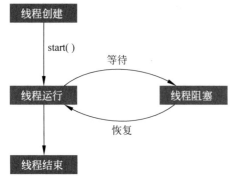

（1）创建线程对象后，线程不会立即运行，需要调用线程对象的 start()方法，线程才会进入可运行状态。

（2）线程进入可运行状态后，如果获得 CPU 时间片，即进入线程的 run()方法，线程处于运行状态。

（3）CPU 时间片到或者因为其他原因，线程可能进入阻塞状态，阻塞因素消失后，线程重新恢复运行。

图 1.25　线程生命周期

（4）线程 run()方法正常结束或者异常结束，进入线程结束状态。

Python 的进程编程方法与线程编程方法完全一致，这一点可以从官方网站对 multiprocessing 和 threading 两个模块的编程描述得到印证。当然，多进程模式 multiprocessing 可以更加充分利用 CPU 资源，进程与线程模式的比较如表 1.3 所示。

表 1.3　进程与线程的比较

| 进　　程 | 线　　程 |
| --- | --- |
| 进程是正在运行中的程序 | 线程是进程的一个程序段 |
| 创建进程耗费的时间多一些 | 创建线程耗费的时间少一些 |
| 退出进程耗费的时间多一些 | 退出线程耗费的时间少一些 |
| 进程间切换耗费时间多一些 | 线程间切换耗费时间少一些 |
| 进程间的通信效率低一些 | 线程间的通信效率高一些 |
| 进程需要消耗更多的系统资源 | 线程消耗的系统资源相对少 |
| 进程拥有独立内存空间 | 线程间可共享进程内存 |
| 进程可基于操作系统应用接口切换 | 线程基于 CPU 时间片调度切换 |
| 一个进程被阻塞后其他进程需要等待 | 一个线程被阻塞后，其他线程可以继续运行 |
| 进程拥有独立进程控制块 | 线程共享进程控制块并有独立堆栈和寄存器 |

视频讲解

## 1.13　Python Socket 编程

Python API 中包含一个 socket 模块，该模块提供了基于 Socket 的编程支持。Python 的套接字（Socket）技术传承了伯克利套接字（Berkeley Socket）技术，适用于 UNIX、Windows、Mac OS、Linux 等现代操作系统的网络编程，表 1.4 是一些较为基础的 Socket API 函数。

表 1.4  较为基础的 Socket API 函数

| 函数名称 | 功能描述 |
|---|---|
| socket() | 创建套接字对象,对象中的方法实现套接字的读写操作等 |
| bind() | 将服务器套接字绑定到指定的地址与端口 |
| listen() | 对服务器套接字绑定的地址与端口监听连接 |
| accept() | 服务器接受客户机的连接 |
| connect() | 连接到指定的地址与端口 |
| send() | 基于 TCP 向套接字发送数据 |
| recv() | 基于 TCP 从套接字接收数据 |
| sendto() | 基于 UDP 向套接字发送数据 |
| recvfrom() | 基于 UDP 从套接字接收数据 |
| close() | 关闭套接字 |

套接字适合客户机/服务器模式的网络编程,一种经典的基于 TCP 的客户机/服务器套接字会话逻辑如图 1.26 所示,分步描述如下:

(1) 服务器执行 socket() 函数创建套接字,执行 bind() 函数绑定地址和端口,执行 listen() 函数开启监听模式,执行 accept() 函数转入等待连接的阻塞模式,服务器此时处于监听连接的阻塞状态。

(2) 以客户机 A 为例,客户机 A 执行 socket()、connect() 函数分别创建套接字和向服务器发送连接请求,通过 TCP 三次握手建立与服务器的连接。

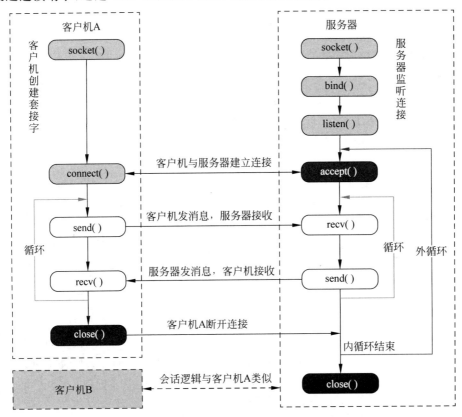

图 1.26  一种经典的基于 TCP 的客户机/服务器套接字会话逻辑

(3) 客户机 A 与服务器成功连接后,服务器端的 accept()函数会新建一个与客户机 A 会话的套接字并返回客户机 A 的地址。

(4) 假定客户机 A 首先发起会话过程,客户机 A 用 send()方法向服务器发送消息,服务器用 recv()方法接收消息。服务器处理客户机 A 的消息后,用 send()方法向客户机 A 回送消息,客户机 A 用 recv()方法接收消息。客户机 A 与服务器的会话可以循环持续下去。

(5) 一般是由客户机主动结束会话过程,客户机 A 的 close()方法关闭套接字,相当于断开了与服务器的连接,服务器的 recv()方法将做关闭连接的善后处理。至此,客户机 A 与服务器的对话结束。

(6) 服务器端有两个循环,内循环是会话循环,支持与客户机的持续会话,外循环是连接循环,支持接受更多客户机的连接。也就是说,一个客户机结束会话后,服务器会重新转入监听连接的阻塞状态,等待其他客户机连接进入。

(7) 如果希望服务器能够处理多个客户机的并发连接请求,则服务器端需要针对会话循环做多线程或多进程的编程设计。

视频讲解

## 1.14 Python 网络编程库

Python 内置了一些与网络编程相关的模块,如图 1.27 所示,可分为基础层、套接字层和应用层三个编程层次。

基础层包含 6 个基础模块,其中 threading、multiprocessing、concurrent.futures 是与并发编程相关的模块,pickle、json、sqlite3 是与数据表示和存储相关的模块。

套接字层包含与套接字相关的 6 个模块,直接面向运输层编程,socket 定义基础套接字,ssl 是安全套接字,asyncio 是异步通信,ipaddress 是地址表示,socketserver 提供服务器的快捷定义方式,io 衔接文件流、数据流和网络流。

应用层是基于应用协议封装的若干模块,smtplib、poplib、imaplib、smtpd、email、mailbox 是与邮件协议相关的 6 个模块,http、urllib、webbrowser 与 Web 协议相关,ftplib 与文件传输协议相关,nntplib 与新闻组协议相关,telnetlib 与 Telnet 相关。

图 1.27 中用阴影标记的模块是更为常用的基础模块。

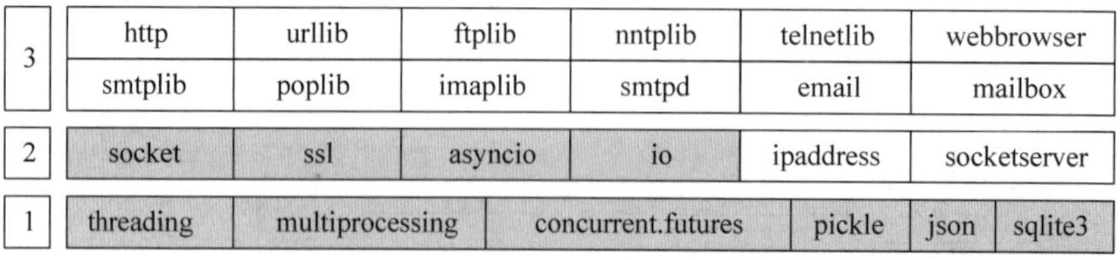

| 3 | http | urllib | ftplib | nntplib | telnetlib | webbrowser |
| | smtplib | poplib | imaplib | smtpd | email | mailbox |
| 2 | socket | ssl | asyncio | io | ipaddress | socketserver |
| 1 | threading | multiprocessing | concurrent.futures | | pickle | json | sqlite3 |

图 1.27 Python 网络编程库模块

事实上,Python 语言的网络编程支持能力并不限于图 1.27 所示的模块,可以根据项目需要,随时安装可靠的第三方库模块。以编写爬虫程序为例,为了更为便捷地获取 Web 页面,可以安装 requests 模块;为了更好地解析 HTML 和 XML 文档,可以安装 BeautifulSoup 模块。

## 1.15 第一个服务器程序

视频讲解

参照图 1.26 所示的服务器运行逻辑，编写与多个客户机同时会话的服务器程序 server.py，存放于 chapter1 目录。下面分 6 个程序段逐一解析服务器的编程逻辑。程序段 P1.2.1～P1.2.6 合在一起即为完整的服务器程序 server.py。

程序段 P1.2.1 导入套接字模块、线程模块、时间模块。其中，常量 MSG_LENGTH 表示会话消息的字节长度；常量 DISCONNECTED 表示断开连接消息；变量 connections 表示服务器维持的在线连接数量。

P1.2.1：导入相关模块并定义常量和变量
```
01   import socket
02   import threading
03   import time
04   MSG_LENGTH = 64
05   DISCONNECTED = '!CONNECTION CLOSED'
06   connections = 0
```

程序段 P1.2.2 定义三个变量：server_ip 指定服务器工作的 IP 地址；server_port 指定服务器工作端口；server_addr 将服务器地址和端口表示为元组形式。

P1.2.2：定义服务器地址
```
07   server_ip = socket.gethostbyname(socket.gethostname())
08   server_port = 5050
09   server_addr = (server_ip, server_port)
```

程序段 P1.2.3 创建服务器套接字并绑定到工作地址。其中，参数 socket.AF_INET 表示采用 IPv4 地址类型；参数 socket.SOCK_STREAM 表示采用 TCP；bind() 函数绑定服务器工作地址。

Python 套接字分为流式套接字和数据报套接字两种类型，分别对应 TCP 流式数据传输和 UDP 数据报传输两种网络传输形式。类型参数为 socket.SOCK_STREAM，表示流式套接字，对应 TCP。类型参数为 socket.SOCK_DGRAM，表示数据报套接字，对应 UDP。

P1.2.3：创建服务器套接字并绑定到工作地址
```
10   server_socket = socket.socket(socket.AF_INET, socket.SOCK_STREAM)
11   server_socket.bind(server_addr)
```

程序段 P1.2.4 的 listen() 函数让服务器开始监听来自客户机的连接。至此，可以认为服务器完成了创建和启动步骤。

P1.2.4：服务器开始监听
```
12   server_socket.listen()
13   print(f'服务器开始在{server_addr}侦听...')
```

程序段 P1.2.5 定义服务器与客户机的会话函数 handle_client()，有 client_socket 和 client_addr 两个参数。该函数在后面的主线程中以线程模式运行，实现服务器与多客户机的点对点通信。

handle_client()函数的主逻辑放在 while 循环中,首先判断消息的长度,根据消息的长度接收消息内容,并将收到的消息加上时间戳后回送给客户机,如果收到客户机断开连接的消息,则循环结束,最后关闭与客户机会话的套接字。

**P1.2.5:定义服务器与客户机会话函数**
```
14  def handle_client(client_socket, client_addr):
15      """
16      功能:处理与客户机的会话
17      :param client_socket: 会话套接字
18      :param client_addr: 客户机地址
19      """
20      print(f'新连接建立,远程客户机地址是:{client_addr}')
21      connected = True
22      while connected:
23          try:
24              msg_len = client_socket.recv(MSG_LENGTH).decode('utf-8')    # 接收消息长度
25          except ConnectionResetError:
26              global connections
27              connections -= 1
28              print(f'远程客户机{client_addr}关闭了连接,活动连接数量是:
29                    {connections}')
30              break;
31          msg_len = int(msg_len)
32          if msg_len > 0:
33              msg = client_socket.recv(msg_len).decode('utf-8')    # 接收消息内容
34              if msg == DISCONNECTED:                              # 收到客户机断开连接的消息
35                  connected = False
36                  print(f'客户机:{client_addr}断开了连接!')
37                  connections -= 1
38                  print(f'服务器当前活动连接数量是:{connections}')
39              print(f'来自客户机{client_addr}的消息是:{msg}')
40              # 回送消息
41              echo_message = f'服务器{client_socket.getsockname()}收到消息:{msg}, ' \
42                             f'时间:{time.strftime("%Y-%m-%d %H:%M:%S", time.localtime())} '
43              client_socket.send(echo_message.encode('utf-8'))
44      client_socket.close()    # 关闭会话连接
```

程序段 P1.2.6 的 while 循环可以处理多客户机连接的问题,accept()函数是一个阻塞函数,如果没有连接到达,则阻塞主线程继续向下运行;如果有连接到达,accept()函数会创建一个新的套接字 new_socket 用于与客户机的会话,并返回客户机的地址 new_addr。

将 new_socket 和 new_addr 作为 handle_client()函数的参数,创建并启动线程 client_thread,然后返回循环起点,重新执行 accept()函数,处理下一个连接。

**P1.2.6:定义服务器主线程的处理逻辑**
```
45  while True:
46      new_socket, new_addr = server_socket.accept()
47      client_thread = threading.Thread(target=handle_client, args=(new_socket, new_addr))
48      client_thread.start()
49      connections += 1
```

```
50    print(f'服务器当前活动连接数量是:{connections}')
```

运行程序 server.py,控制台显示一条提示信息:

服务器开始在('192.168.1.105', 5050)侦听…

在第 46 行语句处添加一个断点,用断点调试模式跟踪运行逻辑,可以发现 server.py 程序在第 46 行语句的 accept() 函数处阻塞,因为此时没有客户机连接到达,在 1.16 节客户机程序完成后,再做联合测试。

## 1.16 第一个客户机程序

视频讲解

参照图 1.26 所描述的客户机会话逻辑,完成客户机程序 client.py,存放于 chapter1 目录中。下面分 6 个程序段解析客户机编程逻辑,程序段 P1.3.1~P1.3.6 合在一起即为完整的客户机程序 client.py。

程序段 P1.3.1 导入 socket 模块。其中,常量 MSG_LENGTH 表示消息字节长度;常量 DISCONNECTED 表示断开连接消息。

**P1.3.1:导入模块并定义常量**
```
01    import socket
02    MSG_LENGTH = 64
03    DISCONNECTED = '!CONNECTION CLOSED'
```

程序段 P1.3.2 定义远程服务器地址。其中,remote_ip 表示远程服务器的 IP 地址;remote_port 表示远程端口;remote_addr 将地址与端口表示为元组形式。

**P1.3.2:定义远程服务器地址**
```
04    remote_ip = socket.gethostbyname(socket.gethostname())
05    remote_port = 5050
06    remote_addr = (remote_ip, remote_port)
```

程序段 P1.3.3 创建客户机套接字并连接远程服务器。其中,参数 socket.AF_INET 指定套接字采用 IPv4 地址;参数 socket.SOCK_STREAM 表示 TCP 流式套接字;connect() 函数遵循 TCP 三次握手协议连接远程地址。

**P1.3.3:创建客户机套接字并连接远程服务器**
```
07    client_socket = socket.socket(socket.AF_INET, socket.SOCK_STREAM)
08    client_socket.connect(remote_addr)
09    print(f'客户机工作地址:{client_socket.getsockname()}')
```

程序段 P1.3.4 定义函数 send_recv(),向服务器发送一条消息,先发送消息的长度,再发送消息的内容,然后接收服务器回送的消息。

**P1.3.4:向服务器发送消息并接收回送消息的函数**
```
10    def send_recv(msg):
11        """
12        功能:客户机向服务器发送消息并接收服务器的回送消息
13        :param msg: 消息内容
14        """
```

```
15      message = msg.encode('utf-8')                          # 消息编码
16      msg_len = len(message)                                 # 消息长度
17      str_len = str(msg_len).encode('utf-8')                 # 长度编码
18      str_len += b' ' * (MSG_LENGTH - len(str_len))          # 空白处补空格
19      client_socket.send(str_len)                            # 发送消息长度
20      client_socket.send(message)                            # 发送消息内容
21      echo_message = client_socket.recv(1024).decode('utf-8')# 接收服务器消息
22      print(echo_message)
```

程序段 P1.3.5 是主线程的会话循环，客户机从控制台输入消息，调用 send_recv() 函数与服务器会话，输入字符 Q 或 q 结束会话循环。

**P1.3.5：会话循环**
```
23  while True:
24      inputStr = input('请输入待发送的字符串(Q:结束会话):')
25      if inputStr.lower() == 'q':
26          break
27      send_recv(inputStr)        # 发送消息和接收消息
```

程序段 P1.3.6 发送断开连接消息，关闭套接字。

**P1.3.6：发送断开连接消息并关闭套接字**
```
28  send_recv(DISCONNECTED)       # 通知服务器会话线程，本客户机会话结束
29  client_socket.close()
```

下面对客户机与服务器程序做联合测试。首先在 PyCharm 中启动服务器，然后在 PyCharm 中启动客户机。为了验证服务器支持多客户机并发，在 PyCharm 的命令终端 Terminal 中再连续启动两个客户机程序，实现服务器与三个客户机的联合测试。服务器反馈的运行逻辑与测试结果如图 1.28 所示。三个客户机反馈的运行逻辑与测试结果如图 1.29 所示。

```
主线程        ┌─────────────────────────────────────────────────────┐
              │ 服务器开始在('192.168.1.105', 5050)侦听...           │
              └─────────────────────────────────────────────────────┘
1号客户机     ┌─────────────────────────────────────────────────────┐
线程工作      │ 新连接建立，远程客户机地址是：('192.168.1.105', 57570)│
              │ 服务器端当前活动连接数量是：1                        │
              │ 来自客户机('192.168.1.105', 57570)的消息是：要看银山拍天浪，开窗放入大江来│
              └─────────────────────────────────────────────────────┘
2号客户机     ┌─────────────────────────────────────────────────────┐
线程工作      │ 新连接建立，远程客户机地址是：('192.168.1.105', 57574)│
              │ 服务器端当前活动连接数量是：2                        │
              │ 来自客户机('192.168.1.105', 57574)的消息是：晴空一鹤排云上，便引诗情到碧霄│
              └─────────────────────────────────────────────────────┘
1号客户机     ┌─────────────────────────────────────────────────────┐
线程结束      │ 客户机：('192.168.1.105', 57570)断开了连接！         │
              │ 服务器当前活动连接数量是：1                          │
              │ 来自客户机('192.168.1.105', 57570)的消息是：!CONNECTION CLOSED│
              └─────────────────────────────────────────────────────┘
2号客户机     ┌─────────────────────────────────────────────────────┐
线程结束      │ 客户机：('192.168.1.105', 57574)断开了连接！         │
              │ 服务器当前活动连接数量是：0                          │
              │ 来自客户机('192.168.1.105', 57574)的消息是：!CONNECTION CLOSED│
              └─────────────────────────────────────────────────────┘
3号客户机     ┌─────────────────────────────────────────────────────┐
线程工作      │ 新连接建立，远程客户机地址是：('192.168.1.105', 57579)│
              │ 服务器端当前活动连接数量是：1                        │
              └─────────────────────────────────────────────────────┘
```

图 1.28  服务器反馈的运行逻辑与测试结果

```
1号客户机      客户机工作地址：('192.168.1.105', 57570)
会话过程       请输入待发送的字符串(Q:结束会话)：要看银山拍天浪，开窗放入大江来
              服务器('192.168.1.105', 5050)收到消息：要看银山拍天浪，开窗放入大江来,时间：2020-11-25 20:53:46
              请输入待发送的字符串(Q:结束会话)：q
              服务器('192.168.1.105', 5050)收到消息：!CONNECTION CLOSED,时间：2020-11-25 20:54:21

              (venv) C:\NetworkProgramming\chapter1>python client.py
              客户机工作地址：('192.168.1.105', 57574)
2号客户机      请输入待发送的字符串(Q:结束会话)：晴空一鹤排云上，便引诗情到碧霄
会话过程       服务器('192.168.1.105', 5050)收到消息：晴空一鹤排云上，便引诗情到碧霄,时间：2020-11-25 20:54:10
              请输入待发送的字符串(Q:结束会话)：q
              服务器('192.168.1.105', 5050)收到消息：!CONNECTION CLOSED,时间：2020-11-25 20:54:45

              (venv) C:\NetworkProgramming\chapter1>python client.py
3号客户机      客户机工作地址：('192.168.1.105', 57579)
会话过程       请输入待发送的字符串(Q:结束会话)：
```

图 1.29　三客户机反馈的逻辑与测试结果

图 1.28 显示，服务器先后处理了三个不同客户机的连接，收到了来自客户机的消息，并检测到了两个客户机的离开消息。

图 1.29 显示，三个不同的客户机连接到了同一服务器，其中两个客户机完成了与服务器的会话，服务器反馈了会话结束的消息。

有几个数据与测试环境相关，地址 192.168.1.105 与主机配置相关，三个客户机进程的端口号 57 570、57 574、57 579 是随机分配的。

至此，一个能够实现多客户机与服务器会话的网络程序完成了，详细的编程与测试过程可参见视频教程。根据视频教程，将完成的客户机/服务器程序更新到 GitHub 仓库，分享给更多的读者。

## 1.17　小结

视频讲解

本章概述了 Python 网络编程的一些技术要点，包括开发环境配置、客户机/服务器模式、TCP/IP、地址与端口、NAT、HTTP 与 HTTPS、IMAP 与 POP3、SMTP、I/O 数据流、进程与线程、Socket 编程逻辑、Python 网络编程库，完成了一个有代表性的客户机与服务器会话程序，夯实了 Python 网络编程的理论基础与实践基础。

## 1.18　习题

一、简答题

1. 采用 PyCharm 作为开发环境的优点有哪些？
2. 描述用 PyCharm 新建项目的基本流程。
3. 为新建项目创建虚拟环境的目的是什么？
4. 描述五个采用客户机/服务器模式工作的应用场景。
5. TCP/IP 的四层结构与五层结构有何不同？

6. TCP/IP 与 OSI 是如何对应的？
7. 以五层结构为例，描述 TCP/IP 模式下的数据收发流程。
8. TCP 与 UDP 的区别是什么？
9. 为什么说 TCP 是可靠的协议？
10. 画图解析 TCP Header 中各个控制域的结构及其含义。
11. 画图解析 TCP 的三报文握手逻辑。
12. 画图解析 TCP 的四报文挥手逻辑。
13. 解析 UDP Header 的结构。
14. 解析 UDP 的单播、组播和广播三种通信模式的不同之处。
15. 什么是端口？操作系统如何划分端口？
16. TCP 与 UDP 是否可以同时在同一主机上指定相同的端口？为什么？
17. 常见的系统预留端口有哪些？如何查看本地主机正在使用的端口？
18. IPv4 与 IPv6 的区别是什么？在地址空间严重不足的情况下，为什么 IPv4 仍是当下主流？
19. NAT 技术主要应用与哪些场合？作用是什么？
20. 解析 HTTP Header 的结构特点。
21. HTTP 与 HTTPS 有何不同？
22. 同为接收邮件协议，IMAP 与 POP3 有何不同？
23. 描述 SMTP 发送邮件的基本逻辑。
24. 查看个人邮箱，分别写出 SMTP、IMAP 和 POP3 的服务器地址。
25. Python 的 I/O 数据流有哪些形式？各有什么特点？
26. Python 进程与线程有何区别？
27. 绘图说明 Python 线程的生命周期。
28. 列举 10 个常用的 Python Socket 通信函数，简述函数功能与用法。
29. 绘图说明基于 TCP 的客户机/服务器套接字会话逻辑。
30. Python 将与网络通信相关的功能定义为若干库模块，试列举常用库加以说明。
31. 列举几个常用的第三方通信库并加以说明。
32. 为什么网络寻址时需要同时指定 IP 和端口？

**二、编程题**

1. 本章给出了第一个客户机/服务器会话程序，服务器通过一客户一线程技术支持多客户机并发访问模式，目前服务器还只是原样回送客户机提交的信息，客户机之间无法直接通信。

(1) 修改服务器与客户机的会话逻辑，使得客户机的信息到达服务器后，服务器能立即将其转发给所有在线的客户机。

(2) 修改服务器的设计，使得服务器能够将所有客户机发送的消息实时存储到一个文本文件中。

2. 用 UDP 重写本章的客户机/服务器程序。

# 第 2 章 Wireshark 数据包解析

Wireshark 是一款从微观层面解析网络通信的分析软件，Wireshark 能够监视通信过程，能够实时捕获、分析各类协议和数据包，能够增强网络编程人员对协议和数据包的直观理解、增强网络编程人员对网络通信的分析与驾驭能力，是网络编程人员对协议和数据做微观检测分析的有力工具。

## 2.1 安装 Wireshark

访问 Wireshark 官方网站，下载并安装与操作系统适配的 Wireshark。安装过程需要勾选 Npcap 组件，可根据情况勾选 USBPcap 组件。Npcap 是 Windows 操作系统下的网络抓包引擎，替代了原有的 WinPcap。USBPcap 是支持 USB 设备的数据抓包引擎。

启动 Wireshark，初始工作界面如图 2.1 所示，中央区域显示了本机此时可以捕获的网络端口，其中以太网的状态是波浪线，表明这个端口有数据交换，其他的端口是直线，表示没有数据交换。

捕获本地回环地址数据包是一项很酷的功能，即使客户机与服务器均运行在本地主机，开发人员也可以借助 Wireshark 做网络通信分析。

视频讲解

## 2.2 捕获回环地址数据包

双击图 2.1 中的 Adapter for loopback traffic capture，打开本地回环地址数据包监控窗口，开始捕获本地回环地址数据包，如果不存在本地回环地址通信，此时监控窗口有可能是空白的。打开 chapter1 文件夹，进入命令模式，分别运行服务器程序 server.py 和客户机程序 client.py，观察客户机连接服务器期间捕获的数据包，如图 2.2 所示。

前三条数据包显示了客户机与服务器的 TCP 三次握手过程，因为是在回环地址进行的网络通信，所以监控窗口显示的源地址与目的地址是相同的，但是可以通过端口观察数据包的传输方向，服务器端口号是 5050，客户机端口号是 59 249，也可以通过 SYN、ACK 和 Seq 观察数据包的类型。选择一条数据包后，可以在图 2.2 中的协议窗口，按照传输层、网络层和数据链路层的分层关系，对数据包的包头信息做进一步观察解析。

视频讲解

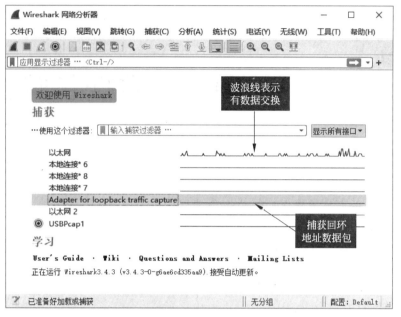

图 2.1　Wireshark 初始工作界面

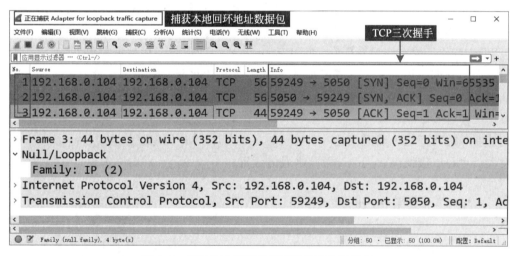

图 2.2　客户机连接服务器期间捕获的数据包

## 2.3　Wireshark 过滤器

　　Wireshark 包括两种类型的过滤器，分别是捕获过滤器与显示过滤器，前者用于对数据源筛选，后者是对捕获的数据做视图筛选。如图 2.3 所示，选择对以太网连接进行数据捕获，设置捕获过滤器仅捕获 tcp 类型的数据包，显示过滤器则设置为 http，只显示 http 类型的数据包。

　　单击图 2.3 左上角的"开始捕获"按钮◢，然后打开浏览器，随机做一些 Web 访问，捕获结果如图 2.4 所示，视图中只显示与 IITTP 相关的数据包。

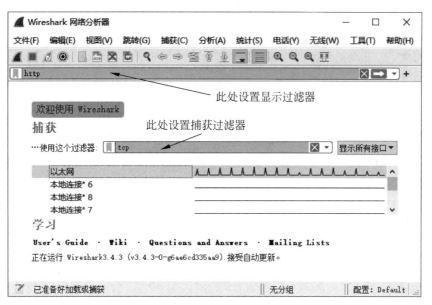

图 2.3　两种过滤器类型

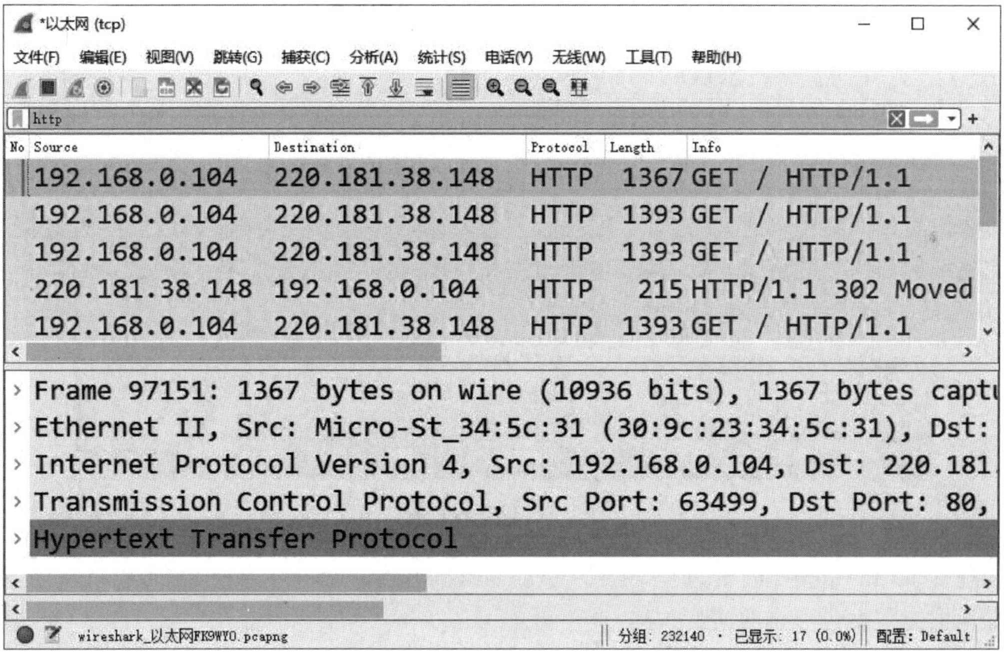

图 2.4　捕获结果

## 2.4　数据包解析

视频讲解

不同的 TCP/IP 层次，对应不同的数据包形态，Wireshark 正是按照协议层次对数据包做解析的。数据包与 TCP/IP 的层次对应关系，如表 2.1 所示。

表 2.1 数据包与 TCP/TP 的层次对应关系

| 协议层 | 名称 | 功能 | 可解析的协议 | 数据包形态 | 数据包地址 |
|---|---|---|---|---|---|
| 5 | 应用层 | 数据表示与预处理 | HTTP、DNS、SMTP 等 | Data | 无 |
| 4 | 运输层 | 封装拆装传输包 | TCP、UDP | Segment | Port |
| 3 | 网络层 | 封装拆装路由包 | IP、ICMP、ARP | Packet | IP Address |
| 2 | 数据链路层 | 封装拆装数据帧 | Ethernet II 等 | Frame | MAC Address |
| 1 | 物理层 | 数据物理传输 | 无 | Bits | 无 |

为便于理解 Wireshark 的数据包解析能力,可将表 2.1 中协议和数据包的分层描述与图 2.4 对照观察。

如图 2.4 所示,在数据包工作区选定任一数据包,在下面的协议分析窗口可以看到五个层次节点,这五个层次节点就是对选定数据包的分层解析,展开层次节点可以看到更为详细的数据包分层结构信息。

Ethernet II 节点和 Frame 节点共同表示数据链路层,Ethernet II 节点包含帧的头部信息,Frame 节点包含关于帧的一些元数据信息,所以五层节点对应四层次协议,对应关系如图 2.5 所示。

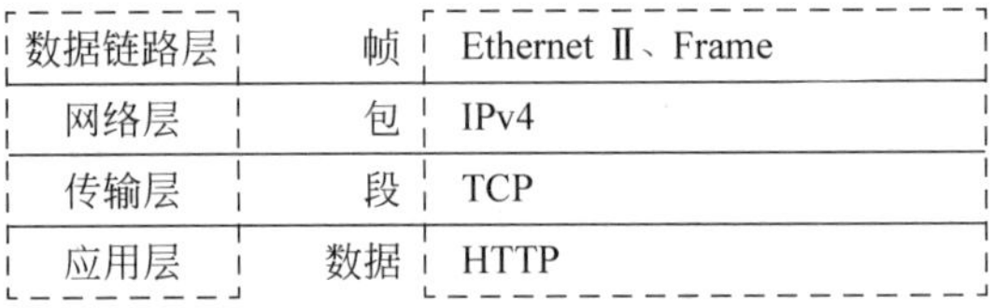

| 数据链路层 | 帧 | Ethernet II、Frame |
|---|---|---|
| 网络层 | 包 | IPv4 |
| 传输层 | 段 | TCP |
| 应用层 | 数据 | HTTP |

图 2.5 Wireshark 协议分层解析能力

数据经过网络传输之前,沿着数据→段→包→帧的路径层层封装,最后演变为数据帧,其完整结构如图 2.6 所示,每一帧都包含帧头和帧尾,处于帧的最外层。帧头后面是 IP 头,IP 头后面是 TCP/UDP 头,最里面是 Data。

| Frame首部<br>帧<br>MAC物理地址 | IP首部<br>包<br>IP地址 | TCP/UDP首部<br>段<br>端口号 | 数据 | 帧校验序列<br>(FCS) |
|---|---|---|---|---|

图 2.6 帧结构解析

理解了帧的结构与封装过程,对照 Wireshark 协议窗口解析的数据包,可以从微观层面更好地把握数据包形态的演变过程。

视频讲解

## 2.5 TCP 控制头解析

TCP 是面向连接的可靠传输协议,通过三次握手建立连接,对数据传输流进行过程控制,通过四挥手协议断开连接,所有这些过程均是通过 TCP 的控制头实现的,TCP 控制头的变化过程,均可通过 Wireshark 的抓包和协议窗口做直观观察与分析,如图 2.7 所示。

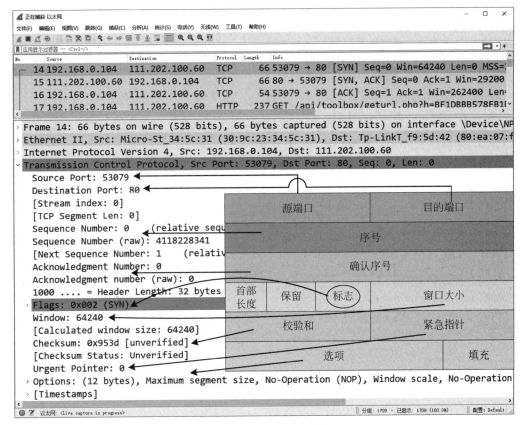

图 2.7  TCP 控制头解析

图 2.7 中,包过滤器窗口显示了捕获的 TCP 三次握手数据包,Wireshark 给予的编号为 14、15、16。以第 14 号数据包为例,这是一个 TCP 连接请求数据包,选中第 14 号数据包,在下面的协议窗口展开 TCP 控制节点,为了便于理解各个数据条目的含义,右侧给出了 TCP 控制头的一个简化版的结构定义。

依次选择第 15 号、16 号数据包,观察三次握手过程中各个数据字段的变化,可以对 Flags 中的 SYN、Sequence Number 和 Acknowledgement Number 三个字段值给予重点关注。

选择第 17 号数据包,这是一个 HTTP 访问请求数据包,观察其 TCP 控制头各个数据条目的值,理解其中的数据含义,更多的 TCP 控制头解析可参见视频教程。

## 2.6  UDP 控制头解析

UDP 是一种不依赖连接的高效数据传输协议,常见于 DNS、视频流媒体传播等。UDP 不保障数据的可靠交付,所以 UDP 控制头相对 TCP 简单很多。

如图 2.8 所示,第 27、28 号的两个数据包是 DNS 的请求包与返回包,选中数据包,展开协议窗口中的 UDP 节点,对照 UDP 控制头做解析。

视频讲解

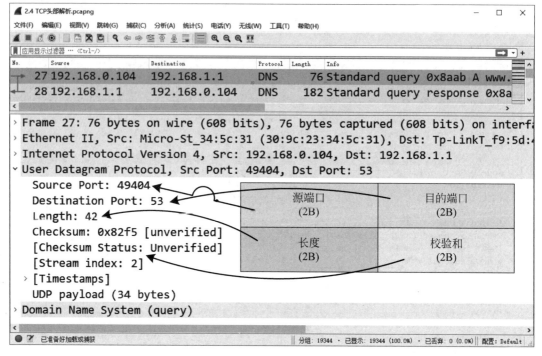

图 2.8 UDP 控制头解析

视频讲解

## 2.7 IPv4 与 IPv6 控制头解析

　　IPv4 与 IPv6 的控制头结构不同，寻址空间不同，但是负责寻址和路由的基本功能是相同的。图 2.9 所示为 IPv4 控制头解析，IPv4 控制头一般为 20B，若果有选项，最大为 60B。

　　图 2.9 显示，IPv4 表示的源地址与目标地址均为 32 位，报文的生命周期为 128，控制头的长度为 20B，报文总长度为 164B。

　　报文总长度 164B 是如何计算的？不难看出，这是一个 HTTP 请求数据包，IP 控制头的长度为 20B，经检查 TCP 控制头也为 20B，HTTP 数据部分为 124B，合计 164B。

　　IPv6 拥有 128 位的超大地址空间，使得 IPv6 的网络层工作机制与 IPv4 不同，如图 2.10 所示，IPv6 不再使用 IGMP 和 ARP。

　　读者可以自行访问网址 https://wiki.wireshark.org/SampleCaptures/，或者访问 https://packetlife.net/captures/，下载 IPv6 的协议分析演示文件，也可以下载其他协议的演示分析文件。

　　图 2.11 中第 7、8 号的两个数据包采用 IPv6 获取 DNS 服务，展开第 7 个数据包对应的 IPv6 节点，对照解析 IPv6 控制头的结构。

　　单击 DNS 节点，显示 DNS 节点为 31B，单击 UDP 节点，显示 UDP 节点为 8B，故 Payload Length 字段的值为 39。

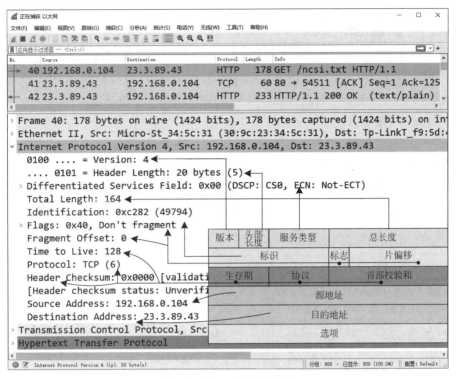

图 2.9 IPv4 控制头解析

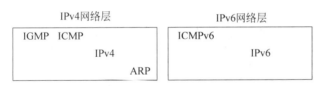

图 2.10 IPv4 与 IPv6 网络层对比

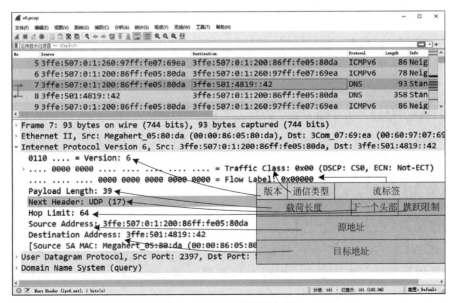

图 2.11 IPv6 控制头解析

视频讲解

## 2.8 HTTP 解析

HTTP(Hypertext Transfer Protocol,超文本传输协议)是一种面向 Web 传输服务的应用层协议,运输层采用 TCP,默认端口号为 80,采用客户机/服务器模式,客户机向服务器发送 HTTP 请求,服务器向客户机回送响应信息。

单击 Wireshark 的"开始捕获数据包"按钮,然后启动浏览器,输入网址 http://www.ldu.edu.cn/,打开网站首页后,单击 Wireshark 的"停止捕获数据包"按钮。由于使用的设备可能同时进行了很多网络数据交换活动,为了能够完整地观察指定页面的访问过程,通过 Wireshark 的"统计"→"会话"菜单项过滤数据包,跟踪 HTTP 访问流,如图 2.12 所示。

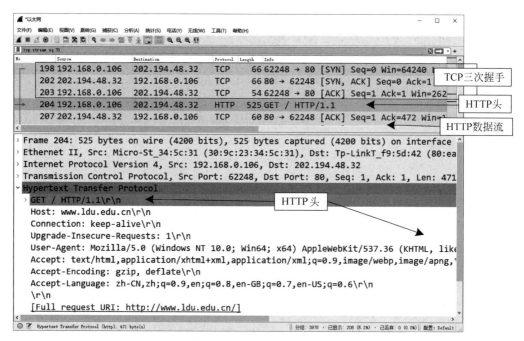

图 2.12 HTTP 数据包解析

HTTP 访问过程经历了如下四个阶段。

第一阶段:完成 TCP 三次握手,建立浏览器到 Web 服务器的连接。

第二阶段:浏览器向 Web 服务器发送请求。

第三阶段:Web 服务器回送响应给客户机的浏览器,HTTP 数据流往往要分成若干 TCP 段多次发送。

第四阶段:Web 服务器完成数据传送,通过 TCP 四次挥手断开与浏览器的连接。

滚动到 HTTP 数据流的末尾,观察 TCP 四次挥手数据包,如图 2.13 所示。三次握手数据包和四次挥手数据包不包含浏览器与服务器之间交换的数据,所以其数据长度为 0,TCP 控制头的长度均为 20B。

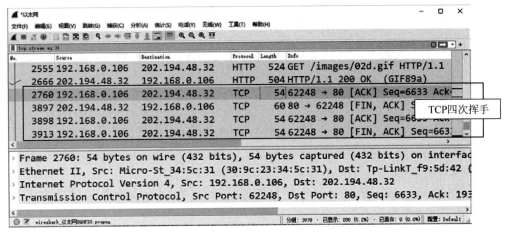

图 2.13　TCP 四次挥手数据包解析

## 2.9　ARP 解析

局域网中数据包的寻址是通过 MAC 地址（Media Access Control Address）实现的，ARP（Address Resolution Protocol，地址解析协议）负责将网络层的 IP 地址映射为数据链路层的 MAC 地址。

访问网址 https://packetlife.net/captures/protocol/arp/，下载演示文件 ICMP_across_dot1q.cap，演示文件中包含了 ping 命令的交换数据包，用 Wireshark 打开，如图 2.14 所示，观察其中的 ARP 数据包。

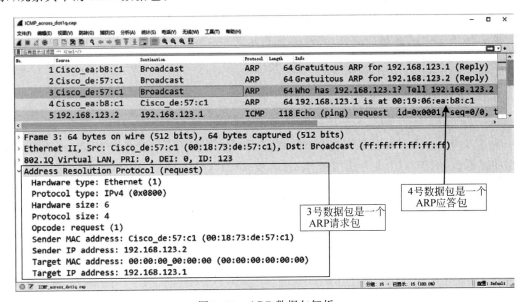

图 2.14　ARP 数据包解析

前三个数据包都是广播模式，其中 1 号、2 号 ARP 数据包是关于自身 IP 地址的 MAC 解析。3 号数据包是一个 ARP 广播数据包，地址为 192.168.123.2 的主机向局域网询问谁拥有地址192.168.123.1,这是请求数据包。

4号数据包是一个 ARP 应答数据包,向主机 192.168.123.2 报告 192.168.123.1 的 MAC 地址。至此,完成了局域网内从 192.168.123.2 到 192.168.123.1 的 MAC 寻址。

## 2.10 用 Python 解析数据包

可以借助 pyshark 框架编写 Python 程序,对 Wireshark 捕获的数据包文件,做一些有意义的统计分析工作。这里以 Wireshark 捕获的数据包文件 http.cap 为例,读取其中的 HTTP 数据包并做统计。

在 NetworkProgram 项目下创建子目录 chapter2,在 chapter2 中完成程序 handle_pcap.py,实现逻辑如程序段 P2.1 所示。

```
P2.1:用 Python 程序读取 Wireshark 数据包文件
01  import pyshark
02  all_packets = []                    # 数据包列表
03  # 从文件中筛选 http 数据包
04  cap = pyshark.FileCapture('http.cap', display_filter = 'http')
05  # 显示数据包
06  def handle(packet):
07      all_packets.append(packet)      # 数据包转存到列表中
08      print("协议:" + packet.highest_layer + " 源地址:" + packet.ip.src + " 目的地址:" +
09          packet.ip.dst)
10  cap.apply_on_packets(handle)        # 遍历并处理数据包
11  print(all_packets[0])               # 显示第一个数据包的结构信息
```

程序运行结果显示第一个数据包的详细结构信息,包括数据链路层、网络层、运输层和应用层,以及所有 HTTP 数据包的源地址与目的地址。

第 4 行语句中的函数 FileCapture()负责从 Wireshark 包文件中读取和筛选数据包,pyshark 框架中提供了另一个函数 LiveCapture(),用于从指定网络接口实时捕获数据包。

## 2.11 小结

本章以 Wireshark 捕获数据包、解析数据包为主线,演示了如何用 Wireshark 捕获特定类型的数据包,如何过滤筛选数据包,如何解析 TCP、UDP、IPv4、IPv6、ARP、HTTP,如何用 Python 语言编程解析 Wireshark 格式的数据包。特别指出的是,Wireshark 提供的回环地址数据包捕获能力,使得程序员在单机环境下,可以从微观层面观察和分析网络通信过程。

## 2.12 习题

**一、简答题**

1. Wireshark 可以胜任哪些基于数据包的分析工作?
2. 描述 Wireshark 抓包的基本流程。

3. Wireshark 的捕获过滤器与显示过滤器有何不同？常用的过滤规则有哪些？

4. 描述 TCP/IP 体系中各分层数据包的结构与形态。

5. 结合 Wireshark 捕获的 TCP 数据包，解析 TCP 控制头的各控制域的取值。

6. 结合 Wireshark 捕获的 UDP 数据包，解析 UDP 控制头的各控制域的取值。

7. 结合本章提供的样例文件，解析 IPv4 与 IPv6 控制头的不同之处。

8. 什么是 MAC 地址？ARP 的作用是什么？

二、操作题

1. 用 Wireshark 帮助调试网络程序。Wireshark 可以捕获回环地址数据包，程序员借助这个功能，在本地主机上调试网络程序时，可以捕获客户机与服务器之间的数据包并加以分析，排除故障或者完善通信逻辑。请在本地主机上运行第 1 章完成的客户机/服务器程序，用 Wireshark 捕获其通信数据包并加以分析。撰写测试报告。

2. 访问一个 Web 页面，对照 Wireshark 协议窗口解析的数据包，请完整描述 Web 页面的请求逻辑与数据交换过程。分析 HTTP 的请求控制头与响应控制头的呼应过程。

三、编程题

本章给出了用 Python 语言解析 Wireshark 数据包文件的演示程序。pyshark 框架提供的函数 FileCapture()负责从 Wireshark 包文件中读取和筛选数据包。另一个函数 LiveCapture()可直接从网络接口实时捕获数据包。请编写实时捕获数据包的 Python 演示程序。

# 第 3 章 网络爬虫 App

网络爬虫能够实现数据的自动化、批量化采集操作，应用广泛。根据爬虫的功能定位，爬虫主要分为通用式与主题式两类。前者常见于各大搜索引擎，后者常见于各类主题定制应用。从软件结构上看，爬虫一般包括控制器、解析器、资源库三部分。控制器负责抓取页面，解析器负责页面内容的分类提取，资源库用于数据存储。

本章以苹果树病虫害数据的爬取为例完成一个主题定向的爬虫设计，遵循爬虫控制器、解析器和资源库的设计逻辑，采用 Python 自身集成的 HTTP 编程库 urllib 完成页面采集，采用第三方网页数据解析库 BeautifulSoup 完成页面解析，采用 SQLite 数据库完成数据存储。

视频讲解

## 3.1 主模块概要设计

爬虫程序的运行逻辑如图 3.1 所示，包括读取 URL 列表、抓取页面、页面解析、写入数据库、创建数据库、下载图片六个二级子模块，输入文件 input.txt 中包含待爬取页面的 URL 地址列表，输出文件 apple.db 是一个 SQLite 数据库，存放爬取的数据。虚线箭头表示数据获取和流动的方向。

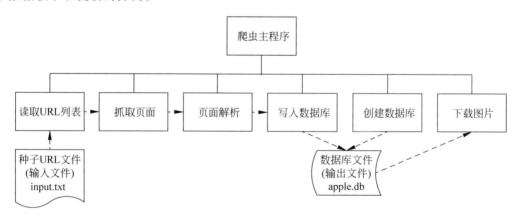

图 3.1 爬虫程序的运行逻辑

在 NetworkProgram 项目下新建子目录 chapter3，在 chapter3 中新建主程序 spider_page.py，完成其初始编码逻辑，如程序段 P3.1 所示，主函数 main() 中只包含两个打印语句，创建数据库、读取 URL 列表、抓取页面、页面解析、写入数据库这五个二级子模块编码完成后，再对主程序段 P3.1 做迭代设计。

**P3.1：爬虫主程序**

```
01  import os
02  import argparse
03  # 主逻辑函数
04  def main(database:str, input_urls:str):
05      print(f'存储数据的数据库是:{database}')
06      print(f'网页地址列表文件是:{input_urls}')
07  if __name__ == '__main__':
08      # 定义命令参数行
09      parse = argparse.ArgumentParser()
10      parse.add_argument('-db', '--database', help='SQLiLe 数据库名称')
11      parse.add_argument('-i', '--input', help='包含 url 的文件名称')
12      # 读取命令参数
13      args = parse.parse_args()
14      database_file = args.database
15      input_file = args.input
16      # 调用主函数
17      main(database=database_file, input_urls=input_file)
```

为了能够在 PyCharm 的 IDE 环境中对包含命令参数的爬虫主程序做初步测试，需要配置程序 spider_page.py 的运行参数，打开配置运行参数对话框，如图 3.2 所示，对程序 spider_page.py 配置命令参数 -i input.txt -db apple.db，指定输入文件和输出文件两个参数，单击 OK 按钮。

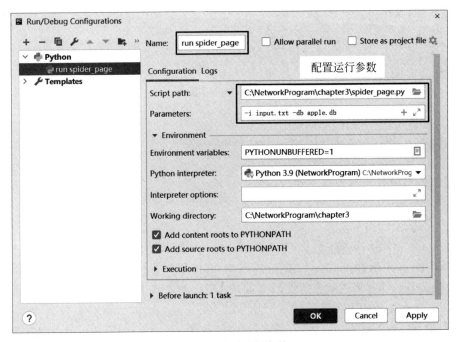

图 3.2　配置运行参数

运行程序 spider_page.py，观察输出结果，厘清主程序逻辑。

视频讲解

## 3.2 子模块概要设计

在 chapter3 目录下新建 Python 包 utility，在 utility 中新建用于处理 URL 的 Python 程序 url_handle.py，在 url_handle.py 中新建三个函数：read_url() 读取 URL 列表；get_page() 抓取页面；extract_page() 解析页面。读取 URL 列表、抓取页面和解析页面如程序段 P3.2 所示。

**P3.2：读取 URL 列表、抓取页面和解析页面**
```
01  # 读取 URL 列表，从文本文件中读取 URL
02  def read_url(file_path: str):
03      pass
04  # 抓取页面，从 Web 下载页面
05  def get_page(url: str):
06      pass
07  # 解析页面，提取需要的内容
08  def extract_page(page_contents: str):
09      pass
```

在 utility 包下面新建用于数据库操作的 Python 程序 db_handle.py，在 db_handle.py 中新建三个函数：create_database() 创建数据库和数据表；save_to_database() 将页面数据写入数据库；download_image() 读取图片 URL，完成图片下载。数据库操作如程序段 P3.3 所示。

**P3.3：数据库操作**
```
01  # 创建数据库
02  def create_database(db_path: str):
03      pass
04  # 写入数据库
05  def save_to_database(db_path: str, records: list):
06      pass
07  # 根据数据库中的图片 URL 去下载图片
08  def download_image(db_path: str, img_path: str):
09      pass
```

各模块详细设计与实现将在随后各节一一给出。

视频讲解

## 3.3 抓取页面

在 PyCharm 中选择 chapter3 文件夹，右击，在弹出的快捷菜单中选择 New 命令新建文本文件 input.txt，将苹果树病虫害防治页面的 URL 存放其中，input.txt 作为 URL 的种子文件存放于 chapter3 的根目录下。

修改、完善 url_handle.py 中的 read_url() 函数和 get_page() 函数设计，读取 URL 列表并抓取页面如程序段 P3.4 所示。

**P3.4：读取 URL 列表并抓取页面**
```
01  from urllib.request import urlopen
```

```
02    from bs4 import BeautifulSoup
03    # 读取 URL 列表,从文本文件中读取 URL
04    def read_url(file_path: str):
05        try:
06            with open(file_path) as f:
07                url_list = f.readlines()
08                return url_list
09        except FileNotFoundError:
10            print(f'找不到文件{file_path}')
11            exit(2)
12    # 抓取页面,从 Web 下载页面
13    def get_page(url: str):
14        response = urlopen(url)
15        html = response.read().decode('utf-8')
16        return html
```

程序段 P3.4 首先导入 urllib 和 BeautifulSoup 库。其中,BeautifulSoup 库需要在项目的虚拟环境中单独安装配置。可以通过两种方法安装 BeautifulSoup:一是在项目虚拟环境的命令窗口中执行 pip install beautifulsoup4 命令;二是在 PyCharm 的项目解释器中配置。

read_url()函数读取指定的文本文件后,返回以行为单位的字符串列表,每一行代表一个页面的 URL。

get_page()函数根据 URL 发送 HTTP 请求,获得页面响应后,读取并返回页面的 HTML 格式的数据内容。

## 3.4 页面解析

视频讲解

页面解析之前,需要首先查看和理解页面的 HTML 结构信息,明确提取数据的结构特点,根据 HTML 标签的组织与排列,灵活运用 BeautifulSoup 库提供的页面解析函数,完成数据的提取。采用 html5lib 作为页面解析器,所以完成本节内容之前,需要在项目的虚拟环境中安装 html5lib 模块,安装命令为 pip install html5lib。

苹果树病虫害页面中包含 27 种病虫害的名称、图片、症状、发病规律和防治方法,图 3.3 所示为其中一个数据片段,以第一条数据为例,数字标注部分是需要提取的内容,提取数据的逻辑通过 extract_page()函数实现。

不难看出,病虫害名称在<p><strong>标签中,症状、发病规律和防治方法在<p>标签中,图片在<p><img>中。<p>节点是所有数据的父节点,是并列关系。

修改完善 url_handle.py 中的 extract_page()函数设计,如程序段 P3.5 所示。

**P3.5:页面解析**
```
01    # 解析页面,提取需要的内容
02    def extract_page(page_contents: str):
03        article = BeautifulSoup(page_contents, 'html5lib').article    # 正文
04        print('********** 显示所有的数据条目 ********** ')
05        print(article.prettify())
06        p_tags = article.find_all('p')                                # 所有<p>节点
07        p_tags = BeautifulSoup(str(p_tags), 'html5lib').find_all('p') # 重组<p>列表
```

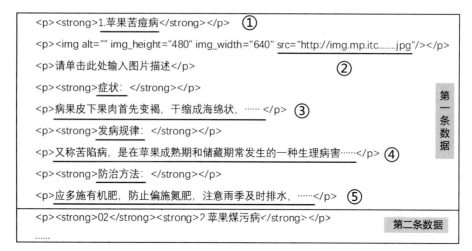

图 3.3 页面数据结构解析

```
08      i = 1                                                    # 数据条目序号
09      records = []                                              # 存放所有数据条目
10      for tag in p_tags:                                        # 遍历
11          if tag.children is not None:                          # 有子节点
12              for child in tag.children:                        # 遍历子节点
13                  if f'{i}.' in str(child.string):              # 是病虫害名称
14                      disease_name = str(child.string)
15                      next_tag = tag.find_next_sibling()        # 指向下一个兄弟节点
16                      img_url = next_tag.img.get('src')         # 提取图片的URL
17                      # 向下移动标签,跳过无用的数据,遇到<p><strong>节点为止
18                      while True:
19                          next_tag = next_tag.find_next_sibling()
20                          if next_tag.strong:
21                              break
22                      # 提取症状
23                      disease_feature = ''
24                      if '症状' in str(next_tag.strong.string):
25                          while True:
26                              next_tag = next_tag.find_next_sibling()
27                              if '发病规律:' in str(next_tag.string):
28                                  break
29                              disease_feature += next_tag.string
30                      # 提取发病规律
31                      disease_regular = ''
32                      if '发病规律:' in str(next_tag.string):
33                          while True:
34                              next_tag = next_tag.find_next_sibling()
35                              if '防治方法:' in str(next_tag.string):
36                                  break
37                              disease_regular += next_tag.string
38                      # 提取防治方法
39                      disease_cure = ''
40                      if '防治方法:' in str(next_tag.string):
```

```
41                  while True:
42                      next_tag = next_tag.find_next_sibling()
43                      if next_tag.children is not None:
44                          if next_tag.strong:
45                              break
46                      disease_cure += str(next_tag.string)
47              # 构建数据字典,存储提取的数据
48              record = {'name': disease_name, 'feature': disease_feature,
49                        'regular': disease_regular, 'cure': disease_cure, 'img_url': img_url}
50              records.append(record)                    # 字典数据加入列表中
51              i += 1                                    # 条目数量加1
52      return records                                    # 返回数据列表
```

## 3.5 创建数据库

视频讲解

创建 apple.db 数据库,存放于 chapter3 的根目录下。如果安装了 PyCharm 专业版,则以 PyCharm 的数据库面板作为辅助工具,完成数据库和数据表的创建,复制数据库和数据表的 SQL 脚本,完成数据库的程序设计。

打开 PyCharm 的数据库面板,新建 SQLite 数据库文件 apple.db。

PyCharm 是用 Java 语言编写的,首次创建数据库时,需要安装 SQLite 数据库的 JDBC 驱动程序。SQLite 是文件型数据库,其连接字符串即为文件路径,如图 3.4 所示。可以即时测试数据库的连通情况。

在 apple.db 数据库中创建数据表 apples,其结构如图 3.5 所示,包含 id、name、feature、regular、cure、img_url 六个字段,其中 id 为主键,类型为 integer,其他字段类型为 text。

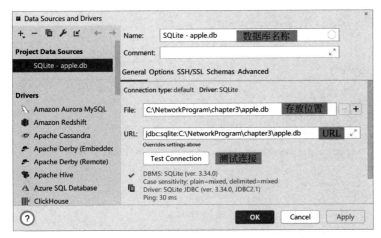

图 3.4 创建数据库并配置驱动程序

图 3.5 apples 数据表结构

为了能够根据需要在程序中动态创建数据库和数据表,借助数据库面板的生成 DDL 语句功能,分别生成创建数据库和数据表的 SQL 语句,完成 db_handle.py 模块中的 create_database() 函数设计,如程序段 P3.6 所示。

**P3.6：创建数据库和数据表**
```
01  import sqlite3 as lite
02  # 创建数据库
03  def create_database(db_path: str):
04      conn = lite.connect(db_path)              # 创建或打开数据库
05      with conn:
06          cur = conn.cursor()                    # 数据库游标
07          cur.execute('drop table if exists apples')  # 删除已存在的数据表
08          # 创建新的数据表 apples
09          ddl = 'create table apples (id integer not null constraint apples_pk primary key
10                 autoincrement, name text not null,feature text,regular text,cure text
11                 ,img_url text);'
12          cur.execute(ddl)
13          # 创建索引
14          ddl = 'create unique index apples_id_uindexon apples (id);'
15          cur.execute(ddl)
```

如果没有安装 PyCharm 专业版，则可以采用 DB Browser for SQLite 完成数据库的可视化设计和 DDL 脚本的定义。如果对 SQL 非常熟悉，也可以在 PyCharm 社区版中直接采用程序段 P3.6 中给出的数据库的 DDL 定义。

视频讲解

## 3.6 写入数据库

db_handle.py 模块中的 save_to_database() 函数负责将解析页面返回的数据列表写入数据库中，如程序段 P3.7 所示。

**P3.7：页面数据写入数据库**
```
01  # 写入数据库
02  def save_to_database(db_path: str, records: list):
03      conn = lite.connect(db_path)              # 打开数据库
04      with conn:
05          cur = conn.cursor()
06          for record in records:                 # 遍历数据条目表
07              print(record)                      # 显示当前条目
08              # 根据条目名称查询数据表
09              name = record['name']              # 名称
10              sql = f"select count(name) from apples where name = '{name}'"
11              cur.execute(sql)
12              count = cur.fetchone()[0]
13              if count <= 0:                     # 数据条目不存在
14                  feature = record['feature']    # 症状
15                  regular = record['regular']    # 发病规律
16                  cure = record['cure']          # 防治方法
17                  img_url = record['img_url']    # 图像 URL
18                  # 数据条目插入数据表中
19                  sql = f"insert into apples(name, feature, regular, cure, img_url)
20                         values ('{name}', '{feature}', '{regular}', '{cure}', '{img_url}')"
21                  cur.execute(sql)
22      print('数据存储工作已完成!')
```

## 3.7 下载图片

视频讲解

数据库 apple.db 中已经存储了所有图片的 URL,据此可以逐个下载对应的图片,为了让图片与数据条目一一对应,图片文件用 id.jpg 命名,例如 1.jpg、2.jpg 等。

图像数据的获取有多种方法,例如 urllib 模块或者 requests 模块。urllib 模块内置在 Python 标准库中,前面抓取页面时采用的即是 urllib 模块。而 requests 是第三方库,需要用 pip install requests 命令单独安装。

模块 urllib 与 requests 均面向 HTTP 通信,requests 在用法上较 urllib 更为简洁。图片下载逻辑由 db_handle.py 模块的 download_image() 函数实现,如程序段 P3.8 所示。

**P3.8:下载图片**
```
01    # 根据数据库中的图片 URL 去下载图片
02    def download_image(db_path: str, img_path: str):
03        records = []
04        conn = lite.connect(db_path)                          # 打开数据库
05        with conn:
06            cur = conn.cursor()
07            sql = "select id,img_url from apples"             # 所有记录
08            cur.execute(sql)
09            records = cur.fetchall()                          # 列表包含所有数据
10        print('\n 开始图片下载 …… ')
11        for record in records:                                # 遍历所有图片
12            file = img_path + '\\' + str(record[0]) + '.jpg'  # 用 ID 命名文件
13            img_data = requests.get(record[1])                # 获取图像数据
14            with open(file, 'wb') as f:
15                f.write(img_data.content)                     # 保存
16        print('\n 已完成图片下载!')
```

## 3.8 集成测试

视频讲解

创建数据库、读取 URL 列表、抓取页面、页面解析、写入数据库、下载图片六个二级子模块已经全部完成,重新回到主程序模块 spider_page.py,完成主函数和主逻辑设计。

主函数中需要调用各个二级子模块,所以程序头部需要添加模块引用:

from utility import url_handle, db_handle

主程序逻辑如程序段 P3.9 所示。

**P3.9:主程序逻辑**
```
01    import os
02    import argparse
03    from utility import url_handle, db_handle
04    # 主逻辑函数
05    def main(database: str, input_urls: str):
06        print(f'存储数据的数据库是:{database}')
07        print(f'网页地址列表文件是:{input_urls}')
```

```
08      all_records = []                                          # 所有数据
09      urls = url_handle.read_url(input_urls)                    # 读取 URL 列表
10      for url in urls:                                          # 遍历 URL
11          print('读取 url:' + url)
12          html = url_handle.get_page(url)                       # 抓取页面
13          records = url_handle.extract_page(html)               # 解析页面
14          all_records.extend(records)                           # 扩展数据集
15      db_path = os.path.join(os.getcwd(), database)             # 数据库路径
16      db_handle.create_database(db_path = db_path)              # 创建数据库
17      db_handle.save_to_database(db_path = db_path, records = all_records)  # 写入数据库
18      # 下载图片
19      directory = 'images'
20      if not os.path.exists(directory):
21          os.makedirs(directory)
22      img_path = os.path.join(os.getcwd(), directory)           # 图片存放路径
23      download_image = threading.Thread(target = db_handle.download_image,
24                                         args = (db_path, img_path))
25      download_image.start()
26  if __name__ == '__main__':
27      # 定义命令参数行
28      parse = argparse.ArgumentParser()
29      parse.add_argument('-db', '--database', help = 'SQLite 数据库名称')
30      parse.add_argument('-i', '--input', help = '包含 url 的文件名称')
31      # 读取命令参数
32      args = parse.parse_args()
33      database_file = args.database                             # 数据库名称
34      input_file = args.input                                   # 地址列表文件
35      # 调用主函数
36      main(database = database_file, input_urls = input_file)
```

项目结构如图 3.6 所示。

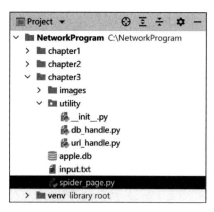

图 3.6 项目结构

运行主程序 spider_page.py,分别在数据库、图片文件夹和控制台观察运行结果。

数据库中包含 27 条苹果树病虫害数据信息,图片文件夹 images 中包含 27 幅图片,图片以数据条目的 ID 命名,控制台上会输出数据采集过程的一些提示信息。

## 3.9 小结

本章基于 urllib、requests 模块的 HTTP 数据获取能力，基于 BeautifulSoup、html5lib 的页面解析能力，基于 SQLite 的数据管理能力，完成了以苹果病虫害为主题的爬虫设计，展示了爬虫采集数据的过程与逻辑设计，为基于 HTTP 的网络应用与编程提供了很好的案例引导。本章爬虫生成的数据库 apple.db，将直接部署到后面第 5 章和第 6 章开发的 App 中。

视频讲解

## 3.10 习题

**一、简答题**

1. 通用式爬虫与主题式爬虫有何不同？
2. 搜索引擎一般采用什么样的爬虫采集数据？
3. urllib 库的作用是什么？有哪些常用函数？
4. BeautifulSoup 库的作用是什么？有哪些常用函数？
5. 采用 html5lib 作为页面解析器的优点是什么？
6. SQLite 是一种什么类型的数据库？有何特点？
7. 第三方 requests 库模块与 Python 自带的库模块 urllib 均面向 HTTP 通信，有何不同？
8. HTML 页面结构有何特点？用什么方法可以根据 URL 获取页面内容？
9. 爬虫为什么需要对图片数据单独下载？

**二、编程题**

参照本章苹果树病虫害主题爬虫的设计逻辑，自由选择一个主题，完成新主题爬虫的程序设计。爬取的文本数据存入 SQLite 数据库。如果有图片，下载的图片存入单独的文件夹中。

# 第 4 章 DenseNet App

网络无处不在,以网络为载体的智能化应用随处可见。人工智能正在借助网络的功能,从单点局部智能化应用向网络全域智能化应用的方向迈进,既可以将智能处理单元部署于中央服务器,集中处理来自客户终端的智能需求,也可以将轻量化智能单元直接部署于客户终端,实现终端的即时智能化处理与应用。

本章基于苹果树病虫害数据集,建立 DenseNet121 病虫害智能识别模型。该模型将直接部署到第 5 章、第 6 章和第 7 章 App 的服务器上,实现中央化的网络智能服务模式。

## 4.1 数据集简介

视频讲解

苹果树病虫害数据集来自 FGVC7 研讨会设置的 Kaggle 竞赛项目:植物病理学挑战。挑战赛的目标是训练模型,准确识别图像的病虫害类别。

数据采集在康奈尔大学数字农业研究中心的赞助支持下完成,提供了 3642 幅针对苹果叶片病理状态的高质量 RGB 图像,图像分辨率为 2048×1365 像素,图像标签由业内专家标注完成。苹果叶片数据集的构成如表 4.1 所示。

表 4.1 苹果叶片数据集的构成

| 文 件 名 | 数据规模 | 大 小 | 功 能 |
| --- | --- | --- | --- |
| train.csv | 1821 个样本 | 33KB | 训练集的图像 ID 和四种标签 |
| test.csv | 1821 个样本 | 17KB | 测试集的图像 ID |
| sample_submission.csv | 测试集图像 ID | 53KB | 结果提交文件,包含测试集图像 ID |
| images 文件夹 | 3642 幅图像 | 792MB | 训练集和测试集的 RGB 图像 |

数据集下载地址为 https://www.kaggle.com/c/plant-pathology-2020-fgvc7/data。训练集图像 ID 的表示范围为 Train_0~Train_1820,图像文件名称与 ID 相同。

测试集图像 ID 的表示范围为 Test_0~Test_1820,图像文件名称与 ID 相同。

训练集的叶片定义了四种标签,分别为 healthy(健康叶片)、multiple_diseases(多病症叶片)、rust(锈病叶片)、scab(黑星病叶片)。训练集 train.csv 的文件结构如表 4.2 所示。

表 4.2　训练集 train.csv 的文件结构

| 列变量名称 | 取　　值 | 含　　义 |
| --- | --- | --- |
| image_id | Train_0～Train_1820 | 图像 ID，与文件名称相同 |
| healthy | 为 1 时，其他列为 0 | 健康叶片 |
| multiple_diseases | 为 1 时，其他列为 0 | 多病症叶片 |
| rust | 为 1 时，其他列为 0 | 锈病叶片 |
| scab | 为 1 时，其他列为 0 | 黑星病叶片 |

用训练好的模型对测试集中的每一幅图像做出预测，得到四种病虫害的概率值，存储到 sample_submission.csv 文件，挑战赛主办方将根据提交的结果文件完成模型评估。

在项目文件夹中新建子目录 chapter4，在 chapter4 下新建子目录 dataset，将下载的数据集复制到 dataset 目录中，目录结构如图 4.1 所示。

图 4.1　数据集目录结构

视频讲解

## 4.2　模块概要设计

建模的基本逻辑与子模块划分如图 4.2 所示。数据处理与 DenseNet 模型为主模块（主程序）之下的两个二级子模块。数据处理包括数据集观察、分类观察、类别分布、数据增强和划分数据集五个三级子模块，DenseNet 模型包括模型定义、模型训练、模型评估和模型预测四个三级子模块。

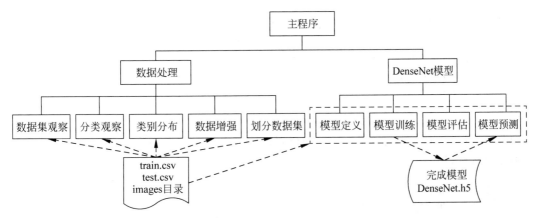

图 4.2　建模的基本逻辑与子模块划分

模型训练结束后,最佳模型存储为 DenseNet.h5 文件。需要用模型预测时,加载 DenseNet.h5 做预测,模型 DenseNet.h5 将在后续应用中部署到服务器端,实现中央服务器的智能化服务。

子模块的命名如表 4.3 所示。

表 4.3 子模块的命名

| 父模块名称 | 文件名 | 模块内主要函数 |
| --- | --- | --- |
| 主程序 | model_building.py | main() |
| 数据处理 | handle_data.py | data_observation() |
| | | category_observation() |
| | | category_distribution() |
| | | data_augmentation() |
| | | data_split() |
| DenseNet 模型 | densenet_model.py | model_define() |
| | | model_train() |
| | | model_estimate() |
| | | model_predict() |

在 chapter4 的根目录下创建主程序 model_building.py,其概要设计如程序段 P4.1 所示。

**P4.1:主程序逻辑**

```
01   # 主函数
02   def main():
03       pass
04       # 1.数据集观察
05       # 2.分类观察
06       # 3.类别分布
07       # 4.数据增强
08       # 5.划分数据集
09       # 6.模型定义
10       # 7.模型训练
11       # 8.模型评估
12       # 9.模型预测
13   if __name__ == '__main__':
14       # 调用主函数
15       main()
```

在 chapter4 根目录下创建包 utility,在 utility 目录下创建程序 handle_data.py 和 densenet_model.py。handle_data.py 的概要设计如程序段 P4.2 所示,densenet_model.py 的概要设计如程序段 P4.3 所示。

**P4.2:数据处理**

```
01   # 数据集观察
02   def data_observation():
03       pass
```

```
04   # 分类观察
05   def category_observation():
06       pass
07   # 类别分布
08   def category_distribution():
09       pass
10   # 数据增强
11   def data_augmentation():
12       pass
13   # 数据集划分
14   def data_split():
15       pass
```

**P4.3:DenseNet 模型**
```
01   # 模型定义
02   def model_define():
03       pass
04   # 模型训练
05   def model_train():
06       pass
07   # 模型评估
08   def model_estimate():
09       pass
10   # 模型预测
11   def model_predict():
12       pass
```

## 4.3 数据集观察

程序段 P4.4 是 handle_data.py 程序需要导入的库。

视频讲解

**P4.4   # 导入库**
```
01   import cv2
02   import numpy as np
03   import pandas as pd
04   import matplotlib.pyplot as plt
05   import plotly.express as px
06   import plotly.graph_objects as go
07   from sklearn.model_selection import train_test_split
08   import tensorflow as tf
```

程序段 P4.5 定义数据集观察函数，观察指定数据集的前五条记录，根据索引编号显示图像。

**P4.5   # 数据集观察**
```
01   def data_observation(csv_file_path: str, image_path: str, index: int):
02       '''
03       :param csv_file_path: 数据集文件
```

```
04    :param image_path: 图像文件路径
05    :param index: 图像索引编号
06    :return: 无
07    '''
08    data = pd.read_csv(csv_file_path)
09    print(data.head())                                              # 显示数据集
10    image = cv2.imread(image_path + data['image_id'][index] + '.jpg')
11    image = cv2.cvtColor(image, cv2.COLOR_BGR2RGB)
12    fig = px.imshow(cv2.resize(image, (205, 136)))
13    fig.show()
```

在主程序 model_building.py 的 main() 函数中定义程序段 P4.6，运行主程序，观察训练集和测试集的输出结果。

**P4.6**  # **数据集观察(主函数 main()中的测试语句)**
```
01  train_path = './dataset/train.csv'
02  test_path = './dataset/test.csv'
03  image_path = './dataset/images/'
04  print('观察训练集:')
05  data_observation(train_path, image_path, 3)
06  print('观察测试集:')
07  data_observation(test_path, image_path, 80)
```

运行结果如图 4.3 所示，显示了训练集前五条记录的 ID 和标签。

| | image_id | healthy | multiple_diseases | rust | scab |
|---|---|---|---|---|---|
| 0 | Train_0 | 0 | 0 | 0 | 1 |
| 1 | Train_1 | 0 | 1 | 0 | 0 |
| 2 | Train_2 | 1 | 0 | 0 | 0 |
| 3 | Train_3 | 0 | 0 | 1 | 0 |
| 4 | Train_4 | 1 | 0 | 0 | 0 |

图 4.3  训练集前五条记录的 ID 和标签

索引号 3 对应的图像如图 4.4 所示。

图 4.4  训练集中的索引号 3 对应的图像

根据图 4.3 的提示,训练集中索引号为 3 的图像对应的标签值为 rust,黄褐色斑点表示叶部患有锈病(**注**:本书为黑白印刷,具体的颜色可参见相应操作界面,下同)。在图像上移动鼠标,可以显示当前坐标位置以及 RGB 三种通道的颜色值,患病部位的颜色值与健康部位有明显的差异,或许可以通过 RGB 通道颜色的变化规律找到病害部位与健康部位的不同之处,但在视觉区别上比较微妙,病患部位、叶子角度、光线、阴影等都会影响到数据的可靠性。

测试集中索引号 80 对应的图像,如图 4.5 所示。

图 4.5 测试集中索引号 80 对应的图像

## 4.4 分类观察

视频讲解

程序段 P4.7 定义叶片分类观察函数,对健康叶片、黑星病叶片、锈病叶片和多病症叶片共四种类型的叶片予以抽样观察。

```
P4.7    # 对四种类型的叶片予以抽样观察
01    def category_observation(csv_file_path, image_path, cond = [0,0,0,0], cond_cols = ["healthy"]):
02        '''
03        :param csv_file_path: 数据集文件
04        :param image_path: 图像路径
05        :param cond: 标签向量
06        :param cond_cols: 标签值
07        :return: 无
08        '''
09        data = pd.read_csv(csv_file_path)              # 所有的样本
10        train_images = []                              # 样本图像列表
11        SAMPLE_LEN = 40                                # 观察前 40 个样本
12        for i in range(SAMPLE_LEN):
13            image = cv2.imread(image_path + data['image_id'][i] + '.jpg')
14            image = cv2.cvtColor(image, cv2.COLOR_BGR2RGB)
15            train_images.append(image)
16        # 标签名称与标签向量的比较表达式
```

```
17    cond_0 = "healthy == {}".format(cond[0])
18    cond_1 = "scab == {}".format(cond[1])
19    cond_2 = "rust == {}".format(cond[2])
20    cond_3 = "multiple_diseases == {}".format(cond[3])
21    cond_list = []
22    for col in cond_cols:
23        if col == "healthy":
24            cond_list.append(cond_0)
25        if col == "scab":
26            cond_list.append(cond_1)
27        if col == "rust":
28            cond_list.append(cond_2)
29        if col == "multiple_diseases":
30            cond_list.append(cond_3)
31    data = data[:SAMPLE_LEN]                              # 前 40 个样本,抽样的数据集
32    for cond in cond_list:
33        data = data.query(cond)                           # 根据表达式查询抽样的数据集
34    print(data)
35    images = []                                           # 满足表达式的图像样本
36    for index in data.index:
37        images.append(train_images[index])
38    # 根据样本数量构建显示矩阵,最大为 2 行 2 列
39    cols, rows = 2, min([2, len(images) // 2])
40    fig, ax = plt.subplots(nrows = rows, ncols = cols, figsize = (8, rows * 6 / 2))
41    for col in range(cols):
42        for row in range(rows):
43            ax[row, col].imshow(images[row * 2 + col])    # 显示图像
44            ax[row, col].set_title(data['image_id'][data.index[row * 2 + col]])
45    plt.show()
```

在主程序中定义程序段 P4.8,调用 category_observation()函数,对四种样本进行观察。

**P4.8 # 分类观察(主函数 main()中的测试语句)**

```
01  print('========= healthy 叶片观察 ========== ')
02  category_observation(train_path, image_path, cond = [1, 0, 0, 0], cond_cols = ["healthy"])
03  print('========= scab 叶片观察 ========= ')
04  category_observation(train_path, image_path, cond = [0, 1, 0, 0], cond_cols = ["scab"])
05  print('========= rust 叶片观察 ========= ')
06  category_observation(train_path, image_path, cond = [0, 0, 1, 0], cond_cols = ["rust"])
07  print('========= multiple_diseases 叶片观察 ========= ')
08  category_observation(train_path, image_path, cond = [0, 0, 0, 1], cond_cols = ["multiple_diseases"])
```

健康叶片(healthy)抽样结果如图 4.6 所示。

健康的叶片是完全绿色的,没有棕色或黄色斑点,没有疤痕或生锈等症状。

黑星病(scab)叶片抽样结果如图 4.7 所示。

黑星病又称疮痂病,叶片染病时,初期现黄绿色圆形或放射状病斑,后期变为褐色至黑

图 4.6 健康叶片抽样结果

图 4.7 黑星病叶片抽样结果

色,直径 3～6mm;叶片上生一层黑褐色绒毛状霉,即病菌分生孢子梗及分生孢子。发病后期,多数病斑连在一起,致叶片扭曲畸变。

锈病(rust)叶片抽样结果如图 4.8 所示。

锈病又称赤星病,叶片染病时,初期在叶面产生油亮的橘红色小圆点,后期病斑逐渐扩大,中央颜色渐深,长出许多黑色小点,即病菌性孢子器,可形成性孢子及分泌黏液,黏液逐渐干枯,性孢子则变黑;最后病部变厚变硬,叶背隆起,长出许多丛生的黄褐色毛状物,即病菌锈孢子器,内含大量褐色粉末状锈孢子。

多病症(multiple_diseases)叶片抽样如图 4.9 所示。

多病症叶片的特点是多种疾病的症状集中显示在一片或多片叶子上。

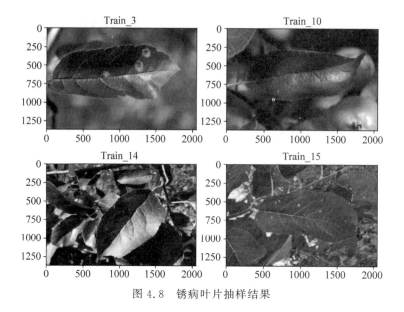

图 4.8 锈病叶片抽样结果

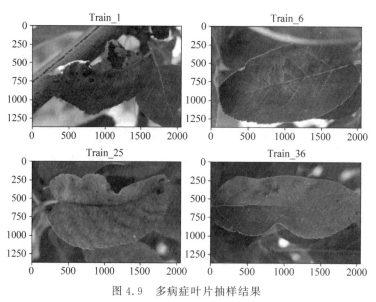

图 4.9 多病症叶片抽样结果

视频讲解

## 4.5 类别分布

模型训练之前,观察各种样本在总样本中的占比是一项重要的工作。各类样本占比越均衡,越有助于得到均衡的模型;反之,比例失衡的样本分布,不利于模型的训练,特别是对于样本数量占比小的类别,模型往往丧失评价能力。

程序段 P4.9 用两种图形绘制四种标签的分布,简单直观,一目了然。

**P4.9** # 绘制标签平行分布图与饼状分布图
01　def category_distribution(csv_file_path: str):

```
02      '''
03      :param csv_file_path: 数据集文件
04      :return: 无
05      '''
06      train_data = pd.read_csv(csv_file_path)
07      # 平行分布图
08      fig = px.parallel_categories(train_data[["healthy", "scab", "rust", "multiple_diseases"]],
09                                   color = "healthy", color_continuous_scale = "sunset",
10                                   title = "Parallel categories plot of targets",
11                                   width = 500, height = 300)
12      fig.show()
13      # 饼状分布图
14      fig = go.Figure([go.Pie(labels = train_data.columns[1:],
15                              values = train_data.iloc[:, 1:].sum().values)])
16      fig.update_layout(title_text = "Pie chart of targets", template = "simple_white")
17      fig.data[0].marker.line.color = 'rgb(0, 0, 0)'
18      fig.data[0].marker.line.width = 0.5
19      fig.show()
```

在主程序中运行测试语句 category_distribution(train_path)，运行结果如图 4.10 和图 4.11 所示。图 4.10 显示四种标签的平行对比分布，图 4.11 用饼状分布显示其比例关系。

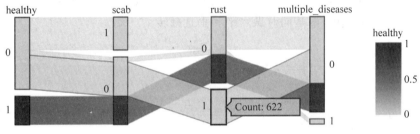

图 4.10　四种标签平行对比分布

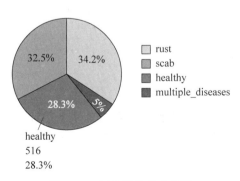

图 4.11　四种标签分布统计

图 4.10 中，蓝色代表健康的叶子，黄色代表不健康的叶子(具体参见本节视频)。显然，健康叶子、黑星病、锈病这三种病害的样本数量相对均衡，多病症样本数量最少，与其他三类样本相比，数量极不均衡。将鼠标指针悬停在图上可以看到各种组合的统计结果与组合关系，例如，将鼠标指针悬停在 rust 类别为 1 的地方，可以看到训练集中共有 622 个样本属于

rust 类型。

饼状分布图显示，训练集中的多数叶片患有病症，占比 71.7%，锈病和黑星病分别占整个训练集的 1/3 左右，健康叶片样本占比超过 1/4，患有多种病症的叶片只占 5%。

视频讲解

## 4.6 数据增强

训练集包含 1821 幅图像，数量偏少，考虑来自现实世界的图像，往往是在有限条件下拍摄的，有很大的局限性与差异性。模型应用过程中，往往面临各种外界干扰，例如不同的光影条件、角度方向、叶片位置、比例、亮度等。所以，用于训练的数据有多好，模型往往就有多好。

在数据规模较小时，通过数据增强技术，可以有效弥补数据集的不足，扩充数据量，改善数据分布，提升模型训练质量，即使对于大规模数据集，数据增强也是一种有效提升数据质量的手段。

常见的数据增强技术有翻转(水平和垂直)、旋转、缩放、裁剪、平移、亮度变换和添加高斯噪声等。数据增强有离线与在线两种模式。离线模式一般适合小规模数据集，在数据预处理阶段完成全部变换，生成新的数据集，然后用于模型训练。在线模式一般适合大规模数据集，一边训练，一边进行数据增强变换。

值得指出的是，程序段 P4.10 实现的逻辑有四种：一是保持图像不变；二是只做水平翻转；三是只做垂直翻转；四是同时做水平和垂直翻转。

```
P4.10    # 数据随机增强
01  def data_augmentation(image, label = None):
02      '''
03      :param image: 图像文件
04      :param label: 标签
05      :return: 图像和标签
06      '''
07      image = tf.image.random_flip_left_right(image)
08      image = tf.image.random_flip_up_down(image)
09      if label is None:
10          return image
11      else:
12          return image, label
```

在主程序中定义程序段 P4.11，对图像做随机的水平翻转和垂直翻转，以训练集中图像 Train_42.jpg 为例，其随机增强效果如图 4.12 所示，左图是原图像，右图是新生成的图像，训练集相当于新增了一个全新样本。

```
P4.11    # 数据随机增强，以索引号为 42 的图像为例
01  data = pd.read_csv(train_path)
02  image = cv2.imread(image_path + data['image_id'][42] + '.jpg')
03  image = cv2.cvtColor(image, cv2.COLOR_BGR2RGB)
04  image_new = data_augmentation(image)
05  fig, ax = plt.subplots(nrows = 1, ncols = 2, figsize = (8, 6))
06  ax[0].imshow(image)
```

```
07    ax[0].set_title('Original Image', fontsize = 14)
08    ax[1].imshow(image_new)
09    ax[1].set_title('New Image', fontsize = 14)
10    plt.show()
```

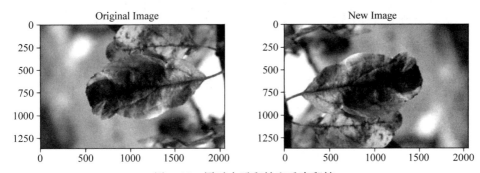

图 4.12　同时水平翻转和垂直翻转

翻转是一种简单的变换,垂直翻转是交换了行的顺序,水平翻转是列的顺序被交换。图像翻转后,所有主要特征均保持不变,对人类认知来讲,这些变化可能并不显著,但对模型算法而言,翻转后的图像可能会看起来完全不同。

关于其他的图像增强技术,此处不再赘述。总之,数据增强技术是一种简易、低成本的数据集扩充方法,可以有效提升模型的准确性和健壮性。

## 4.7　划分数据集

视频讲解

借助 TensorFlow 的 tf.data.Dataset 对象,可以简洁、高效地进行数据的读入、打乱、增强,为模型训练提供源源不断的数据流支持。

程序段 P4.12 定义了函数 data_split() 完成数据集的划分,构建训练集、验证集和测试集数据流,函数 format_path() 和 decode_image() 是两个辅助函数,分别用于定位图像文件和图像加载与缩放。

```
P4.12    # 划分数据集
01    # 生成图像路径
02    def format_path(image_id):
03        '''
04        :param image_id: 图像 ID
05        :return:
06        '''
07        return './dataset/images/' + image_id + '.jpg'
08    # 图像数据加载与缩放函数
09    def decode_image(filename, label = None, image_size = (512, 512)):
10        '''
11        :param filename: 图像文件
12        :param label: 标签
13        :param image_size: 图像缩放尺寸
14        :return: 新图像和标签
15        '''
```

```python
16      bits = tf.io.read_file(filename)
17      image = tf.image.decode_jpeg(bits, channels = 3)
18      image = tf.image.resize(image, image_size)
19      image = tf.cast(image, tf.float32) / 255.0        # 归一化
20      if label is None:
21          return image
22      else:
23          return image, label
24  # 数据集划分
25  def data_split(train_file_path: str, test_file_path: str):
26      '''
27      :param train_file_path: 训练集 CSV 文件
28      :param test_file_path: 测试集 CSV 文件
29      :return: 训练集、验证集和测试集数据流对象
30      '''
31      train_data = pd.read_csv(train_file_path)         # 训练集
32      test_data = pd.read_csv(test_file_path)           # 测试集
33      train_paths = train_data.image_id.apply(format_path).values
34      train_labels = np.float32(train_data.loc[:, 'healthy':'scab'].values)
35      test_paths = test_data.image_id.apply(format_path).values
36      train_paths, valid_paths, train_labels, valid_labels = train_test_split(\
37          train_paths, train_labels, test_size = 0.15, random_state = 2021)
38      batch_size = 16
39      # 构建训练集数据流,样本先洗牌,再按照 BATCH_SIZE 提取
40      train_dataset = tf.data.Dataset\
41          .from_tensor_slices((train_paths, train_labels))\
42          .map(decode_image)\
43          .map(data_augmentation)\
44          .repeat()\
45          .shuffle(512)\
46          .batch(batch_size)
47      # 构建验证集数据流
48      valid_dataset = tf.data.Dataset\
49          .from_tensor_slices((valid_paths, valid_labels))\
50          .map(decode_image)\
51          .batch(batch_size)
52      # 构建测试集数据流
53      test_dataset = tf.data.Dataset\
54          .from_tensor_slices(test_paths)\
55          .map(decode_image)\
56          .batch(batch_size)
57      return train_dataset, valid_dataset, test_dataset
```

在主程序中运行程序段 P4.13,观察数据集划分结果,注意观察特征集和标签集的维度关系。

```
P4.13   # 划分数据集(主函数 main()中的测试语句)
01  train_dataset, valid_dataset, test_dataset = data_split(train_path, test_path)
02  print(f'训练集:{train_dataset}')
03  print(f'验证集:{valid_dataset}')
04  print(f'测试集:{train_dataset}')
```

训练集与验证集和测试集的构建逻辑不尽相同,训练集对于每一批次的训练样本,都需要调用数据增强函数 data_augmentation()对样本变换,都需要用 shuffle()重新洗牌,打乱顺序,从而增强模型的泛化能力。

## 4.8 DenseNet121 模型定义

视频讲解

如果说何恺明等人的 ResNet 模型揭示了跳连可以有效解决深度卷积神经网络的梯度消失问题,那么黄高、刘壮等人的 DenseNet 模型则基于跳连的思想,更进一步将网络中的所有层两两连接,最大化网络中的特征信息流,使得网络中每一层接受前面所有层的特征作为输入。

图 4.13 是原作者在其论文 *Densely connected convolutional networks* 中给出的 DenseNet 模型的经典结构解析。不难看出,DenseNet 模型包含两个关键结构:一是被称为 Dense Block(密集连接模块)的结构;二是被称为 Transition Layer(转换模块)的结构。Transition Layer 跟在 Dense Block 结构的后面向前迭代。

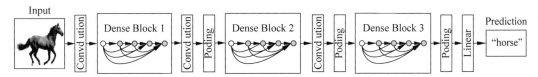

图 4.13 DenseNet 模型的经典结构解析

Transition Layer 的目的是避免随着网络层数的增加,特征维度增长过快,故在每个 Dense Block 之后,Transition Layer 会将特征图的通道数、高度、宽度降维减半。

图 4.14 解析了 DenseNet 模型中 Dense Block 的基本结构,给出的示意图包含五个层块,每一层块的网络通道数增长幅度为 4。

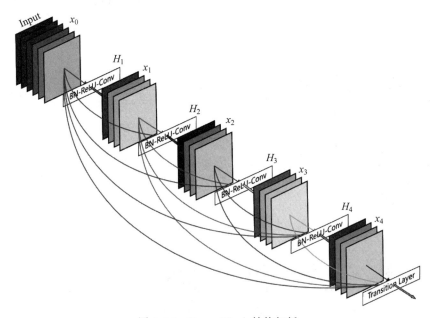

图 4.14 Dense Block 结构解析

如果网络层数为 $L$，则 DenseNet 网络拥有的连接数量为 $L(L+1)/2$。

DenseNet 增强了特征传播，鼓励了特征重用，减轻了梯度消失的问题。正是由于大量特征被复用，使得卷积核数量降低，大大减少了模型参数数量。

哈佛大学的 Pablo Ruiz 对 DenseNet121 的结构有一个深度解析，如图 4.15～图 4.17 所示。

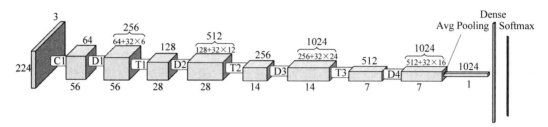

图 4.15　DenseNet121 结构解析

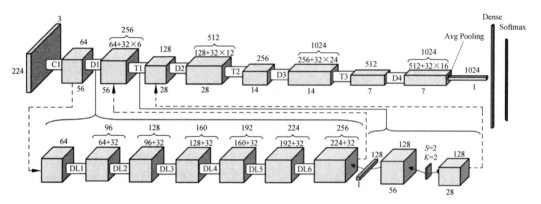

图 4.16　Dense Block 与 Transition Layer 的内部微观解析

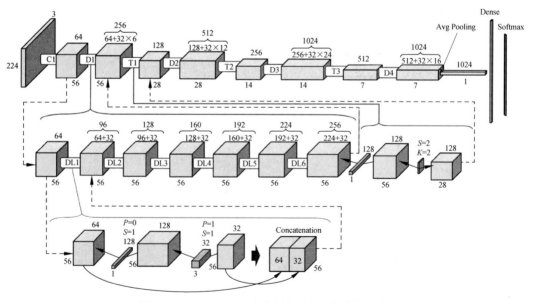

图 4.17　Dense Block 中的层级块的内部结构解析

图 4.15 中的 D1~D4 表示 Dense Blook，T1~T3 表示 Transition Layer。Dense Block 与 Transition Layer 的内部微观解析如图 4.16 所示。

Dense Block 内部包含 6 个层级模块，Transition Layer 内部包含 1×1 卷积和步长为 2 的 2×2 平均池化。

图 4.17 进一步给出了层级块的内部结构解析，每个层级块由 1×1 与 3×3 卷积组成。

表 4.4 是黄高等人论文中给出的四种 DenseNet 模型的分层参数定义与解析。以 DenseNet121 模型为例，其 121 层的含义解析如下：

（1）输入层后面紧跟一个 7×7 的卷积层。
（2）Dense Block(1) 中包含的卷积层数为 2 层×6＝12 层。
（3）Transition Layer(1) 中包含一个卷积层。
（4）Dense Block(2) 中包含的卷积层数为 2 层×12＝24 层。
（5）Transition Layer(2) 中包含一个卷积层。
（6）Dense Block(3) 中包含的卷积层数为 2 层×24＝48 层。
（7）Transition Layer(3) 中包含一个卷积层。
（8）Dense Block(4) 中包含的卷积层数为 2 层×16＝32 层。
（9）输出层为全连接层，算一层。

合计：1 层＋12 层＋1 层＋24 层＋1 层＋48 层＋1 层＋32 层＋1 层＝121 层

也就是说，121 层只统计卷积层和全连接层，池化层不作为独立层参与计数。

表 4.4 DenseNet 模型的分层参数定义与解析

| Layers | Output Size | DenseNet-121 | DenseNet-169 | DenseNet-201 | DenseNet-264 |
| --- | --- | --- | --- | --- | --- |
| Convolution | 112×112 | 7×7 conv, stride 2 | | | |
| Pooling | 56×56 | 3×3 max pool, stride 2 | | | |
| Dense Block(1) | 56×56 | $\begin{bmatrix}1\times1\text{conv}\\3\times3\text{conv}\end{bmatrix}\times6$ | $\begin{bmatrix}1\times1\text{conv}\\3\times3\text{conv}\end{bmatrix}\times6$ | $\begin{bmatrix}1\times1\text{conv}\\3\times3\text{conv}\end{bmatrix}\times6$ | $\begin{bmatrix}1\times1\text{conv}\\3\times3\text{conv}\end{bmatrix}\times6$ |
| Transition Layer(1) | 56×56 | 1×1 conv | | | |
| | 28×28 | 2×2 average pool, stride 2 | | | |
| Dense Block(2) | 28×28 | $\begin{bmatrix}1\times1\text{conv}\\3\times3\text{conv}\end{bmatrix}\times12$ | $\begin{bmatrix}1\times1\text{conv}\\3\times3\text{conv}\end{bmatrix}\times12$ | $\begin{bmatrix}1\times1\text{conv}\\3\times3\text{conv}\end{bmatrix}\times12$ | $\begin{bmatrix}1\times1\text{conv}\\3\times3\text{conv}\end{bmatrix}\times12$ |
| Transition Layer(2) | 28×28 | 1×1 conv | | | |
| | 14×14 | 2×2 average pool, stride 2 | | | |
| Dense Block(3) | 14×14 | $\begin{bmatrix}1\times1\text{conv}\\3\times3\text{conv}\end{bmatrix}\times24$ | $\begin{bmatrix}1\times1\text{conv}\\3\times3\text{conv}\end{bmatrix}\times32$ | $\begin{bmatrix}1\times1\text{conv}\\3\times3\text{conv}\end{bmatrix}\times48$ | $\begin{bmatrix}1\times1\text{conv}\\3\times3\text{conv}\end{bmatrix}\times64$ |
| Transition Layer(3) | 14×14 | 1×1 conv | | | |
| | 7×7 | 2×2 average pool, stride 2 | | | |
| Dense Block(4) | 7×7 | $\begin{bmatrix}1\times1\text{conv}\\3\times3\text{conv}\end{bmatrix}\times16$ | $\begin{bmatrix}1\times1\text{conv}\\3\times3\text{conv}\end{bmatrix}\times32$ | $\begin{bmatrix}1\times1\text{conv}\\3\times3\text{conv}\end{bmatrix}\times32$ | $\begin{bmatrix}1\times1\text{conv}\\3\times3\text{conv}\end{bmatrix}\times48$ |
| Classification Layer | 1×1 | 7×7 global average pool | | | |
| | | 1000D fully-connected, softmax | | | |

表 4.4 给出的四种 DenseNet 模型，其网络通道增长幅度均为 32，每一个卷积层实施的变换逻辑按照 BN-ReLU-Conv 的顺序进行。

程序段 P4.14 完成了 DenseNet121 模型的迁移定义,设定编译参数。关于 DenseNet121 模型的原始结构定义,可以参见本节视频介绍。

```
P4.14   # 模型定义,以 DenseNet121 的预训练模型为基础
01   def model_define(train_labels):
02       '''
03       :param train_labels: 训练集标签
04       :return: 模型结构
05       '''
06       model = Sequential(name = 'MyDenseNet121')
07       dense_net = DenseNet121(include_top = False, weights = 'imagenet',
08                               input_shape = (512, 512, 3))
09       model.add(dense_net)
10       model.add(GlobalAveragePooling2D(name = 'Pool'))
11       model.add(Dense(train_labels.shape[1], activation = 'softmax', name = 'Output'))
12       model.compile(optimizer = Adam(learning_rate = 0.001),
13                     loss = 'categorical_crossentropy',
14                     metrics = ['categorical_accuracy'])
15       return model
```

迁移模型采用了 DenseNet121 基于 ImageNet 的预训练权重参数,不包含 DenseNet121 的顶层,取而代之的是添加了一个全局平均池化层,在池化层之后连接一个根据数据集标签数量定义的 Softmax 全连接层,实现分类逻辑。

在主程序中定义程序段 P4.15,调用模型定义函数,显示模型结构,运行结果如图 4.18 所示。

```
P4.15   # 模型定义(主函数 main()中的测试语句)
01   train_data = pd.read_csv(train_path)
02   train_labels = np.float32(train_data.loc[:, 'healthy':'scab'].values)
03   model = model_define(train_labels = train_labels)
04   model.summary()
```

```
Model: "MyDenseNet121"
_____
Layer (type)                    Output Shape              Param #
=================================================================
densenet121 (Functional)        (None, 16, 16, 1024)      7037504
_____
Pool (GlobalAveragePooling2D)   (None, 1024)              0
_____
Output (Dense)                  (None, 4)                 4100
=================================================================
Total params: 7,041,604
Trainable params: 6,957,956    ◄──── 训练参数数量
Non-trainable params: 83,648
```

图 4.18  自定义 DenseNet121 模型结构

模型结构摘要显示,需要学习和训练的参数数量为 6 957 956 个。

## 4.9 DenseNet121 模型训练

视频讲解

模型结构、优化算法、学习率、训练参数初始化、网络层数、单层神经元数、正则化方法、数据集划分等是模型训练和优化过程中应该关注的重要变量。在模型基本结构参数确定的情况下，学习率往往对模型的训练质量有关键性影响。

程序段 P4.16 定义的学习率动态调度函数 build_lrfn()，根据 Epoch 参数，在模型训练的初期逐步提升学习率，在模型训练的中期保持学习率，在模型训练的后期学习率逐步衰减。实践证明，模型结构相对复杂时，学习率的动态调度策略往往比单纯的学习率衰减策略更为有效。

```
P4.16  # 学习率调度函数
01  def build_lrfn(lr_start = 0.00001, lr_max = 0.00005,
02                 lr_min = 0.00001, lr_rampup_epochs = 5,
03                 lr_sustain_epochs = 0, lr_exp_decay = .8):
04      '''
05      :param lr_start: 学习率初值
06      :param lr_max: 学习率上限值
07      :param lr_min: 学习率下限值
08      :param lr_rampup_epochs: 学习率提升阶段
09      :param lr_sustain_epochs: 学习率保持阶段
10      :param lr_exp_decay: 学习率衰减因子
11      :return: 学习率
12      '''
13      # lr_max = lr_max * num_gpu                          # 根据GPU个数调整学习率上限
14      def lrfn(epoch):
15          if epoch < lr_rampup_epochs:                    # 学习率增长阶段
16              lr = (lr_max - lr_start) / lr_rampup_epochs * epoch + lr_start
17          elif epoch < lr_rampup_epochs + lr_sustain_epochs:    # 学习率保持阶段
18              lr = lr_max
19          else:                                            # 学习率衰减阶段
20              lr = (lr_max - lr_min) * \
21                   lr_exp_decay ** (epoch - lr_rampup_epochs - lr_sustain_epochs) + lr_min
22          return lr
23      return lrfn
```

模型训练过程如程序段 P4.17 所示，由 model_train() 函数定义。训练过程设置了三个模型调优策略：一是学习率的动态调度；二是模型的提前终止；三是保存最优模型。

```
P4.17  # 模型训练
01  def model_train(model, train_dataset, valid_dataset, epochs, steps_per_epoch, saved_path):
02      '''
03      :param model: 模型
04      :param train_dataset: 训练集数据流
05      :param valid_dataset: 验证集数据流
06      :param epochs: 训练代数
07      :param steps_per_epoch: 每一代迭代的步数
08      :param saved_path: 最优模型保存路径
```

```
09          :return:训练过程的历史记录
10          '''
11          # 定义回调函数:学习率调度
12          lrfn = build_lrfn()
13          lr_schedule = LearningRateScheduler(lrfn, verbose = 1)
14          # 定义回调函数:提前终止训练
15          early_stop = EarlyStopping(monitor = 'val_categorical_accuracy', min_delta = 0,
16                                     patience = 10, verbose = 1, restore_best_weights = True)
17          # 定义回调函数:保存最优模型
18          best_model = ModelCheckpoint(saved_path, monitor = 'val_categorical_accuracy',
19                                       verbose = 1, save_best_only = True,
20                                       save_weights_only = False, mode = 'max')
21          history = model.fit(train_dataset, epochs = epochs,
22                              callbacks = [lr_schedule, best_model, early_stop],
23                              steps_per_epoch = steps_per_epoch,
24                              validation_data = valid_dataset)
25          return history
```

在主程序中定义程序段 P4.18,运行主程序,开始模型训练。

**P4.18**  # 模型训练(主函数 main()中的测试语句)
```
01  model_save_dir = 'models'
02  if not os.path.exists(model_save_dir):
03      os.makedirs(model_save_dir)
04  saved_path = os.path.join(os.getcwd(), model_save_dir) + '/densenet121.h5'
05  epochs = 20
06  batch_size = 16
07  steps_per_epoch = train_labels.shape[0] // batch_size
08  history = model_train(model, train_dataset, valid_dataset, epochs, steps_per_epoch, saved_path)
```

训练过程是建模最为耗时的阶段,据观察,单纯依赖普通配置的台式机,8 核 CPU,内存为 16GB 时,完成模型的一代训练大约需要耗时 80min。

本模型在 Google 提供的 Kaggle 服务器上训练 20 代,用时 15min 左右。完整的训练过程可访问链接 https://www.kaggle.com/upsunny/densenet121-mobilenetv2。

视频讲解

## 4.10 DenseNet121 模型评估

模型的评估主要通过三种方式进行:一是根据模型训练过程中准确率曲线或损失函数下降曲线的变化规律对模型评价;二是对训练集做抽样观察,以样本实证的方式证明模型的有效性;三是在测试集观察模型预测表现。本节根据准确率曲线给出模型的初步评价,4.11 节根据模型的抽样预测结果对模型做评价。

程序段 P4.19 绘制 DenseNet121 模型的准确率曲线。

**P4.19**  # 模型评估,绘制准确率曲线
```
01  def model_estimate(history, epochs):
02      '''
03      :param history: 模型训练的历史记录
04      :param epochs: 训练代数
```

```
05        :return: 无
06        '''
07        training = history.history['categorical_accuracy'],
08        validation = history.history['val_categorical_accuracy'],
09        ylabel = "Accuracy"
10        title = "Accuracy vs. Epochs"
11        fig = go.Figure()
12        fig.add_trace(
13            go.Scatter(x = np.arange(1, epochs + 1), mode = 'lines + markers',
14                y = training, marker = dict(color = "dodgerblue"), name = "Train"))
15        fig.add_trace(
16            go.Scatter(x = np.arange(1, epochs + 1), mode = 'lines + markers',
17                y = validation, marker = dict(color = "darkorange"), name = "Val"))
18        fig.update_layout(title_text = title, yaxis_title = ylabel, xaxis_title = "Epochs",
19                width = 500, height = 300)
20        fig.show()
```

在主程序中调用函数 model_estimate(history,epochs),输出模型的准确率曲线,训练集与验证集对比如图 4.19 所示。

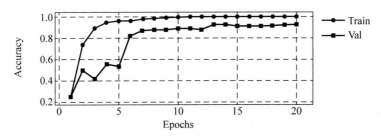

图 4.19　DenseNet121 模型的准确率曲线

根据训练集与验证集准确率曲线的对比观察,对 DenseNet121 模型训练结果的初步评价如下。

(1) 模型实用性评价。在现有数据集的支持下,训练集准确率超过 0.99,验证集超过 0.94,准确率较高,模型达到实用化的程度。

(2) 模型可靠性评价。从第 10 个 Epoch 开始到第 20 个 Epoch 结束,模型准确率一直维持在这一水平,准确率具备可靠性。

(3) 模型稳定性评价。在第 10 个 Epoch 之前,模型准确率上升较快,验证集有波动,可能是因为数据集样本总量偏低,训练集上的统计特征,与验证集有较大差异,但是随着迭代次数增加,从第 10 个 Epoch 开始,模型表现趋于稳定。

(4) 模型健壮性评价。第 10 个 Epoch 之后,DenseNet121 模型在训练集与验证集上的趋势表现一致,训练集与验证集的误差在可接受范围内,模型健壮性较好,泛化能力强。

## 4.11　DenseNet121 模型预测

在 4.10 节的模型评价基础上,本节根据模型在训练集和测试集上的预测结果,进行实证化评价。

程序段 P4.20 完成模型预测函数的定义。

**P4.20**　# 模型预测函数的定义
```
01  def model_predict(model_path, image_id):
02      '''
03      :param model_path: 预训练模型
04      :param img: 待预测的图像的 ID
05      :return: 预测的概率值
06      '''
07      file_path = './dataset/images/' + image_id + ".jpg"
08      image = cv2.imread(file_path)
09      image = cv2.cvtColor(image, cv2.COLOR_BGR2RGB)
10      image = cv2.resize(image / 255.0, (512, 512)).reshape(-1, 512, 512, 3)
11      model = load_model(model_path)
12      return model.layers[2](model.layers[1](model.layers[0](image))).numpy()[0]
```

程序段 P4.21 定义模型预测结果可视化函数。

**P4.21**　# 模型预测结果可视化函数
```
01  def displayResult(img, preds):
02      '''
03      :param img: 预测的图像
04      :param preds: 预测的结果
05      :return: 无
06      '''
07      fig = make_subplots(rows = 1, cols = 2)
08      colors = {"Healthy": px.colors.qualitative.Plotly[0],
09                "Scab": px.colors.qualitative.Plotly[0],
10                "Rust": px.colors.qualitative.Plotly[0],
11                "Multiple diseases": px.colors.qualitative.Plotly[0]}
12      if list.index(preds.tolist(), max(preds)) == 0:
13          pred = "Healthy"
14      if list.index(preds.tolist(), max(preds)) == 1:
15          pred = "Scab"
16      if list.index(preds.tolist(), max(preds)) == 2:
17          pred = "Rust"
18      if list.index(preds.tolist(), max(preds)) == 3:
19          pred = "Multiple diseases"
20      colors[pred] = px.colors.qualitative.Plotly[1]
21      colors["Healthy"] = "seagreen"
22      colors = [colors[val] for val in colors.keys()]
23      fig.add_trace(go.Image(z = cv2.resize(img, (205, 136))), row = 1, col = 1)
24      fig.add_trace(go.Bar(x = ["Healthy", "Multiple diseases", "Rust", "Scab"],
25                       y = preds, marker = dict(color = colors)), row = 1, col = 2)
26      fig.update_layout(height = 400, width = 800, title_text = "DenseNet Predictions",
27                       showlegend = False)
28      fig.show()
```

在主程序中定义程序段 P4.22,完成训练集中前四个样本的预测,对预测结果做可视化分析。

P4.22 # 模型预测,显示前四幅图像预测结果(主函数测试语句)
```
01  def load_image(image_id):
02      file_path = './dataset/images/' + image_id + ".jpg"
03      image = cv2.imread(file_path)
04      return cv2.cvtColor(image, cv2.COLOR_BGR2RGB)
05  model_path = './models/densenet121.h5'
06  # 观察健康叶片预测结果
07  preds = model_predict(model_path, 'Train_2')
08  displayResult(load_image('Train_2'), preds)
09  # 观察黑星病叶片预测结果
10  preds = model_predict(model_path, 'Train_0')
11  displayResult(load_image('Train_0'), preds)
12  # 观察锈病叶片预测结果
13  preds = model_predict(model_path, 'Train_3')
14  displayResult(load_image('Train_3'), preds)
15  # 观察多病症叶片预测结果
16  preds = model_predict(model_path, 'Train_1')
17  displayResult(load_image('Train_1'), preds)
```

执行主函数中的程序段 P4.22,从训练集中选择标签为 healthy、scab、rust 和 multiple-diseases 的样本图像做预测,四个样本的预测结果分别如图 4.20~图 4.23 所示。

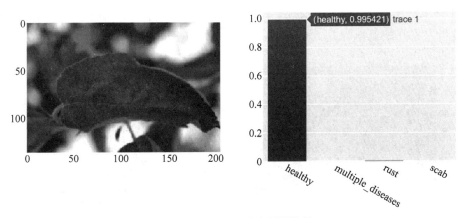

图 4.20  healthy 叶片预测结果

图 4.21  scab 叶片预测结果

如图4.20所示,模型将抽样的healthy叶片预测为healthy叶片的概率超过99.7%。预测为rust的概率为0.25%,或许模型认为左侧叶片上具备rust的少量特征。

图4.21所示,模型将抽样的scab叶片预测为scab的概率接近100%。

图4.22所示,模型将rust叶片预测为rust的概率为99.8%,预测为其他三种标签的情况可以忽略不计。

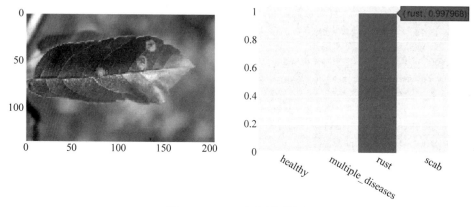

图4.22  rust叶片预测结果

如图4.23所示,模型将multiple_diseases叶片预测为multiple_diseases的概率为96%,预测为rust的概率为3.7%,预测为其他两种标签的情况可以忽略不计。

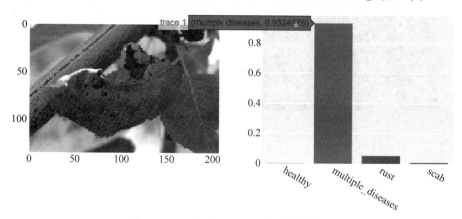

图4.23  multiple-diseases叶片预测结果

通过对四类样本预测结果的实证化剖析,结合模型准确率曲线,有理由相信,DenseNet121模型在当前数据集上展示了良好的预测性能。

考虑到上述抽样的四个样本均属于训练集,接下来用模型对测试集做预测。测试集包含的是模型从来没有"见过"的样本,测试结果的可信度更高。

定义程序段P4.23,用预训练模型对整个测试集做出预测,预测结果保存到submission_densenet.csv文件中。

**P4.23**   # 对测试集做预测,保存预测结果
```
01    def test_dataset_predict(model_path, test_dataset):
02        '''
```

```
03        :param saved_model: 预训练模型
04        :param test_dataset: 测试集
05        :return: 无
06        '''
07        model = load_model(model_path)                          # 加载模型
08        sub_path = "./dataset/sample_submission.csv"
09        sub = pd.read_csv(sub_path)
10        probs_densenet = model.predict(test_dataset, verbose = 1)
11        sub.loc[:, 'healthy':] = probs_densenet
12        sub.to_csv('submission_densenet.csv', index = False)    # 保存预测结果
13        print(sub.head())                                       # 显示前五个样本的预测结果
```

在主程序中调用 test_dataset_predict() 函数，完成模型对测试集的预测，观察预测结果。

测试集前五个样本的预测结果如图 4.24 所示，输出标签的概率值均超过 97%。由于测试集没有标签可供参照，因此需要人工回到数据集 dataset/images 目录，找到 Test_0～Test_4 这五个图像文件，经人工验证，图像与标签均正确匹配。

| | image_id | healthy | multiple_diseases | rust | scab |
|---|---|---|---|---|---|
| 0 | Test_0 | 3.764075e-06 | 0.010261 | 0.989732 | 3.455427e-06 |
| 1 | Test_1 | 3.008510e-04 | 0.022567 | 0.977030 | 1.023993e-04 |
| 2 | Test_2 | 3.196438e-06 | 0.000191 | 0.000001 | 9.998049e-01 |
| 3 | Test_3 | 9.998271e-01 | 0.000002 | 0.000170 | 9.276249e-07 |
| 4 | Test_4 | 7.055630e-08 | 0.000524 | 0.999474 | 1.900288e-06 |

图 4.24　测试集前五个样本的预测结果

当然，更有力的模型检验方式是对测试集中 1821 幅图像逐一检查预测结果的正确性，得到模型的综合实证化评估。

## 4.12　小结

本章以 DenseNet121 模型的 ImageNet 预训练模型为起点，针对苹果树病虫害数据集完成了建模工作，通过对数据集的观察分析，设定了较为完备的模型训练策略，以模型定义、模型训练、模型评估和模型预测为主线，自定义了模型学习率动态调度策略、模型训练提前终止策略、保存最优模型策略，优化了模型训练参数，模型在训练过程和测试集上的良好表现，证明得到的模型具备可靠性好、准确率高、泛化能力强的特点，具有实践部署意义和价值。第 5 章中 DenseNet121 的预训练模型将被部署到服务器端，为客户提供智能化的预测服务。

视频讲解

## 4.13　习题

**一、简答题**

1. 以网络为载体的智能化应用部署有哪些模式？特点是什么？
2. DenseNet 是一种具有密集连接的卷积神经网络，主要特点有哪些？

3. 实验表明，DenseNet 具有非常好的抗过拟合性能，尤其适合训练数据相对匮乏的应用。请结合模型结构加以解释。

4. 为什么说 DenseNet 模型的密集连接反而使其拥有更少的参数？

5. 为什么说 DenseNet 的密集连接有利于模型做更有效的反向梯度计算，即避免梯度消失问题？

6. 什么是数据增强？常用的数据增强方法有哪些？

7. 结合本章案例，谈谈为模型训练过程设定动态调整学习率回调函数的方法及其优点。

8. 结合本章案例，谈谈为模型训练过程设定提前终止回调函数的方法及其优点。

9. 结合本章案例，谈谈为模型训练过程设定保存最优模型回调函数的方法及其优点。

10. 什么是模型的泛化能力？如何增强模型的泛化能力？

11. 如何评价模型？常见的模型评价方法有哪些？

二、编程题

本章课件中提供了 MobileNetV3 的原作者论文，请用 MobileNetV3 结构替换 DenseNet121 模型，做出比较。

注：习题中有部分内容正文中未讲但程序中有涉及，视频讲解中会补充相应内容，下同。

# 第 5 章 智能 Web App

本章基于 Flask 框架搭建 Web 服务器,客户端通过浏览器向服务器提交待识别的图像,服务器基于第 4 章创建的 DenseNet121 模型做出预测,并将预测结果返回给客户端,从而实现智能化的 Web 服务能力。服务器采用 RESTful 风格的 API 搭建 Web 服务,客户端 App 无论采用何种语言编程,均可通过 HTTP 访问服务器。

## 5.1 环境准备

Flask 是一个基于 Python 的轻量级 WSGI Web 应用程序框架,可扩展性好,拥有丰富的第三方支持库。用 pip install flask 命令在项目虚拟环境中安装 Flask 框架。

Postman 是一款模拟 HTTP 请求的客户端调试工具,帮助程序员完成简单直观的 HTTP 请求测试。DB Browser for SQLite 是实现 SQLite 数据库可视化管理的工具软件。可到官方网站下载安装 Postman 和 DB Browser for SQLite。

本章开发的智能 Web App 基本架构如图 5.1 所示,服务器部署第 3 章创建的 apple.db 数据库和第 4 章完成的 DenseNet121 模型,客户机通过浏览器向服务器发送 HTTP 请求,服务器运行基于 Flask 开发的 RESTful API,向客户机返回响应消息。

视频讲解

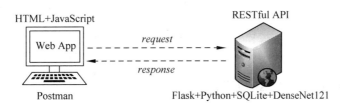

图 5.1 Web App 智能服务框架

为了便于观察客户机与服务器之间的 HTTP 请求/响应关系,客户机采用 Postman 发送请求并接收响应消息。

## 5.2 项目概要设计

服务器基于 Flask 框架实现 Web API 设计,包含的服务模块如图 5.2 所示,各模块的功能简述如下。

视频讲解

(1) HTTP 状态码模块。用于学习和理解如何捕获 Web 响应的状态。
(2) 获取 URL 参数模块。用于理解 Web API 获取客户机请求参数的方法。
(3) 用户注册模块。获取客户机提交的注册数据,将其写入 apple.db 数据库中。
(4) 用户登录模块。配合 JSON Web Token 机制,完成用户的身份验证。
(5) 发送邮件模块。用户登录成功时向用户发送邮件,或者需要找回密码时,向用户发送邮件。
(6) 查询记录模块。实现两种查询方法:一是查询 apple.db 所有记录;二是有条件查询。操作结果反馈给客户机。
(7) 添加记录模块。向 apple.db 插入一条来自客户机的新数据。操作结果反馈给客户机。
(8) 更新记录模块。根据客户机指定的 ID 修改 apple.db 中的指定记录。操作结果反馈给客户机。
(9) 删除记录模块。根据指定记录的 ID 从数据库 apple.db 中删除指定的记录。操作结果反馈给客户机。
(10) 分类预测模块。调用 DenseNet 预测模型,对客户机发送过来的图像做预测,并将预测结果返回给客户机。

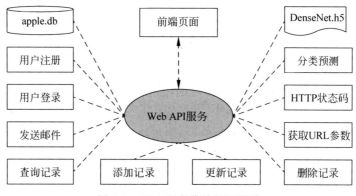

图 5.2 Web 服务模块概要设计

视频讲解

## 5.3 新建 Flask Web 项目

在 NetworkProgram 项目下新建文件夹 chapter5,在 chapter5 下新建子目录 static、templates 和 models。将第 4 章完成的 DenseNet121 模型复制到子目录 models。第 3 章爬虫收集的数据存储在 apple.db 中,将数据库 apple.db 复制到 chapter5 目录。

在 chapter5 目录新建主程序文件 app.py,当前项目结构如图 5.3 所示。

完成 app.py 的初始测试程序段 P5.1,运行 app.py,分别在浏览器和 Postman 观察客户端输出结果。

**P5.1 # Web 服务测试**

```
01  from flask import Flask, jsonify
```

```
02    import os
03    app = Flask('__name__')                                              # 初始化 App
04    db_path = os.path.join(os.getcwd(), 'apple.db')                       # 数据库路径
05    model_path = os.path.join(os.getcwd(), 'models/densenet121.h5')       # 模型路径
06    @app.route('/')                                                       # 根目录 Web 服务
07    def index():
08        message = {'db':'apple.db', 'model': 'densenet121.h5'}
09        return jsonify(message)
10    if __name__ == '__main__':
11        app.run(debug = True)
```

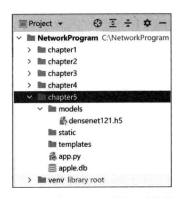

图 5.3　Web App 项目初始结构

程序段第 6 行定义路径为根目录的 Web 服务，第 7 行定义服务调用的函数，第 8 行用字典模式表达返回客户端的消息格式，第 9 行用 jsonify()函数将消息转换为 JSON 格式后返回。第 11 行设置 Flask 运行于 Debug 模式，便于调试程序时，客户端能够动态捕获服务器端的变化与调整。

## 5.4　HTTP 状态码

Web 基于 HTTP 实现数据交换过程，请求过程与响应过程均包含 HTTP 控制头，HTTP 控制头包含对终端用户不可见的元数据信息，分别用于描述请求过程和响应过程。

状态码是 HTTP 响应控制头中包含的数据，用于提示请求的结果类型。常见的 HTTP 状态码如表 5.1 所示。

表 5.1　常见的 HTTP 状态码

| 状态码 | 描　　述 | 举　　例 |
| --- | --- | --- |
| 1×× | 服务器收到请求，需要请求者继续执行操作 | 100：客户端应继续提交请求 |
| 2×× | 请求被成功接收并处理 | 200：请求成功 |
| 3×× | 重定向，需要进一步的操作以完成请求 | 301：资源被转移到其他 URL |
| 4×× | 客户端错误，请求包含语法错误或无法完成请求 | 404：请求的资源不存在 |
| 5×× | 服务器错误，服务器在处理请求的过程中发生了错误 | 500：服务器内部错误 |

HTTP 状态码极其有用,客户机可以通过 HTTP 状态码判断请求的结果以及需要进一步采取的操作。

程序段 P5.2 演示了在 Web 服务中添加状态响应码的编程方法。

```
P5.2  # HTTP 状态码测试
01  @app.route('/')           # 根目录 Web 服务
02  def index():
03      message = {'db':'apple.db', 'model': 'densenet121.h5'}
04      return jsonify(message), 200
05  @app.route('/not_found')
06  def not_found():
07      return jsonify(message = '请求的资源不存在!'), 404
```

第 4 行添加了成功响应请求的状态码 200,第 7 行语句添加了无法访问资源的状态码 404。在 Postman 中分别对两个服务测试,注意观察状态码的反馈值是否与对应的服务相匹配。

视频讲解

## 5.5 获取 URL 参数

客户端可以通过在 URL 末尾附加参数的方式向服务器提交数据,URL 与参数之间以问号"?"间隔。为了测试 URL 参数获取方法,假定携带苹果树病虫害名称参数的 URL 如下所示:http://localhost?name=苹果黑星病。

程序段 P5.3 演示了服务器端获取 URL 参数值的方法。

```
P5.3  # 获取 URL 参数
01  @app.route('/parameters')
02  def parameters():
03      name = request.args.get('name')        # 获取 URL 参数
04      if name in ['健康叶片','苹果黑星病','苹果锈病','多种病症']:
05          return jsonify(msessage = '数据库存在请求的数据:' + name), 200
06      else:
07          return jsonify(message = '数据库不存在请求的数据:' + name), 401
```

第 3 行用 Flask 自带的 request 模块读取参数值。第 5 行、第 7 行在返回信息到客户端的同时,指定了 HTTP 状态码。

在 Postman 中测试客户端请求,观察反馈的信息与 HTTP 状态码。

视频讲解

## 5.6 定义用户数据表

用 DB Browser for SQLite 打开 chpater5 目录下的数据库 apple.db,新增用户数据表 users,表结构定义如图 5.4 所示。

字段 id 为自增长主键,name、email、password 三个字段非空,其中 email 必须唯一。

图 5.4　用户数据表的结构定义

## 5.7　用户注册

定义用户注册 API 如程序段 P5.4 所示。用户注册数据一般通过表单提交，所以 register 服务被指定为用 post() 方法获取数据。对于邮箱账号已存在的用户，取消注册逻辑，反馈状态码为 409 的提示信息，表示禁止注册。如果邮箱账号不存在，则允许注册，完成注册逻辑后，反馈状态码为 201 的提示信息，提示用户注册成功。

**P5.4**　# 用户注册

```
01  @app.route('/register', methods = ['post'])
02  def register():
03      email = request.form['email']
04      conn = lite.connect(db_path)          # 打开数据库
05      with conn:
06          cur = conn.cursor()
07          sql = f"select count(email) from users where email = '{email}'"
08          cur.execute(sql)
09          count = cur.fetchone()[0]
10          if count > 0:                     # 邮箱账号已存在
11              return jsonify(message = '注册的邮箱已存在!'), 409
12          else:
13              name = request.form['name']
14              password = request.form['password']
15              sql = f"insert into users(name, email, password) values ('{name}',
16                  '{email}', '{password}')"
```

```
17          cur.execute(sql)
18          return jsonify(message = '用户注册成功!'), 201
```

用 Postman 做表单数据提交测试,如图 5.5 所示,收到的状态码 201 表示注册成功。

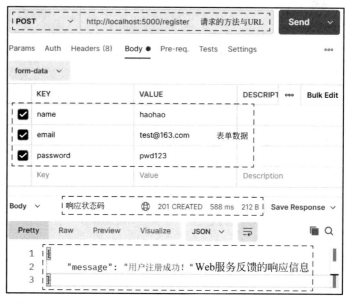

图 5.5　Postman 提交用户注册数据并接收 Web 服务反馈信息

修改 Postman 表单数据,验证邮箱存在的情况,注意观察服务器响应的状态码以及提示信息。

## 5.8　JSON Web 令牌

如果需要限定只有 users 表中注册的用户才能对 apples 表中的数据做增、删、改、查操作,则需要在服务器端定义验证用户登录的服务模块。

HTTP 是一种无状态的协议,如果用户向服务器提供了用户名和密码做身份认证,那么在做下一次请求时,需要重新提交用户名和密码进行身份验证,常用的解决方案是在服务器端存储一份用户登录的信息,这就是传统的基于 Session 的认证机制。

随着认证用户的增多,基于 Session 的认证在服务器端的开销会明显增大,在面对多服务器集群模式时,用户的 Session 会被迫绑定到一台服务器上,限制了集群服务器的负载均衡能力。

基于 JSON Web 令牌的认证机制不需要在服务器端保留用户的认证信息或会话信息,这就意味着基于令牌的认证机制不需要考虑用户在哪一台服务器登录,可扩展性明显优于 Session 机制。

本章采用 JSON Web 令牌作为身份验证方法。在项目虚拟环境执行命令:

```
pip install flask-jwt-extended
```

完成 Flask-JWT-Extended 模块的安装。调用 crcate_access_token() 函数创建 JSON Web

令牌,调用 jwt_required()函数保护 Web 服务,get_jwt_identity()返回用户的身份标识。

JSON Web Token 的基本结构如图 5.6 所示,包括 Header、Payload、Signature 三部分。Header 用 Base64 编码封装加密算法等信息,Payload 用 Base64 编码封装传递的敏感数据信息,Signature 封装基于 Header、Payload 以及密钥 secret 生成的签名。

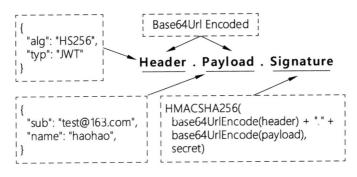

图 5.6　JSON Web Token 的基本结构

JSON Web 令牌的认证机制如图 5.7 所示,简述如下。
(1) 用户通过用户名和密码来请求服务器,服务器验证用户的信息。
(2) 验证通过后,服务器向用户发送一个令牌(Token)。
(3) 客户端存储令牌,每次新请求时附加自己的令牌,服务器端通过验证令牌,决定是否提供服务。

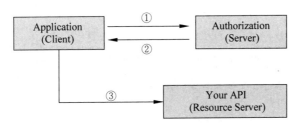

图 5.7　JSON Web Token 认证机制

## 5.9　用户登录

程序段 P5.5 实现了基于 JSON Web Token 的登录逻辑。

**P5.5　♯ 用户登录**
```
01  from flask_jwt_extended import JWTManager, jwt_required, create_access_token
02  app.config['SECRET_KEY'] = 'my-secret'
03  jwt = JWTManager(app)
04  @app.route('/login', methods = ['post'])
05  def login():
06      email = request.form['email']
07      password = request.form['password']
08      conn = lite.connect(db_path)                    ♯ 打开数据库
09      with conn:
```

```
10        cur = conn.cursor()
11        sql = f"select count(email) from users where email = '{email}' and password = '{password}'"
12        cur.execute(sql)
13        count = cur.fetchone()[0]
14        if count > 0:                                          # 允许登录
15            acess_token = create_access_token(identity = email)  # 创建 Token
16            return jsonify(message = '登录成功!', acess_token = acess_token), 202
17        else:                                                  # 拒绝登录
18            return jsonify(message = '用户 Email 或者密码错误,登录失败!'), 401
```

复制图 5.8 所示的 access_token,粘贴到 https://jwt.io/ 网站的编码-解码框,可以观察解码后的 Token 结构信息。

图 5.8 用 Postman 提交用户登录数据并接收 Token

视频讲解

## 5.10 发送邮件找回密码

应用系统经常需要向用户自动发送邮件,来实现找回密码、激活账户以及推送某些信息。

Python 标准库自带的 smtplib 包可用于发送电子邮件,基于 smtplib 实现的 Flask-Mail 邮件扩展框架提供了更为简单的 API 接口,与 Flask 无缝集成,只需在应用程序中设置好邮件服务器的 SMTP 参数,即可轻松编写发送邮件的脚本。

在项目虚拟环境执行命令 pip install flask-mail,安装 Flask-Mail 扩展库。

实践中密码是加密存储的,原则上不允许找回原密码,但可以根据收到的验证码去设置新密码,程序段 P5.6 为了演示发送邮件的逻辑,暂且允许用户找回原密码,根据用户提供的邮箱,向用户发送一封包含密码信息的邮件。

**P5.6** # 发送邮件，找回密码
```
01  from flask_mail import Mail, Message
02  app.config['MAIL_SERVER'] = 'smtp.163.com'      # 发送邮件的服务器，需要启用 SMTP 服务
03  app.config['MAIL_PORT'] = 465                   # 采用 SSL 通信的端口，否则为 25
04  app.config['MAIL_USE_TLS'] = False
05  app.config['MAIL_USE_SSL'] = True               # 采用 SSL 通信
06  app.config['MAIL_USERNAME'] = 'your_webmaster'  # 用户账号，此处为示例
07  app.config['MAIL_PASSWORD'] = 'ANURWYMPLMNDEFXLQK'  # SMTP 授权码，此处为示例
08  mail = Mail(app)                                # 创建邮件服务对象
09  @app.route('/get_password', methods=['post'])
10  def get_password():
11      email = request.form['email']
12      conn = lite.connect(db_path)                # 打开数据库
13      with conn:
14          cur = conn.cursor()
15          sql = f"select email, password from users where email = '{email}'"
16          cur.execute(sql)
17          records = cur.fetchall()
18          if records:                             # 允许找回
19              password = records[0][1]
20              msg = Message(f'找回的密码是:{password}',
21                            sender = 'your_webmaster@163.com',
22                            recipients = [email])# 定义邮件消息
23              mail.send(msg)                      # 发送邮件
24              return jsonify(message = f'密码已发送至邮箱:{email}'), 202
25          else:                                   # 拒绝找回密码
26              return jsonify(message = '用于找回密码的 Email 地址不正确!'), 402
```

## 5.11 查询记录

视频讲解

程序段 P5.7 根据指定的 ID 对 apples 数据表进行查询，返回记录详细信息。

**P5.7** # 根据 ID 查询苹果数据集单条记录
```
01  @app.route('/get_details/<int:apple_id>', methods=['get'])
02  def get_details(apple_id:int):
03      conn = lite.connect(db_path)                # 打开数据库
04      with conn:
05          cur = conn.cursor()
06          sql = f"select id,name,feature,regular,cure,img_url from apples where id = '{apple_id}'"
07          cur.execute(sql)
08          records = cur.fetchall()
09          if records:                             # 找到记录
10              record = dict(zip(['id', 'name', 'feature', 'regular', 'cure', 'img_url'], records[0]))
11              return jsonify(record), 200
12          else:                                   # 没找到
13              return jsonify(message = f'ID 为{apple_id}的记录不存在!'), 403
```

程序段 P5.8 对 apples 数据表进行查询，返回所有记录详细信息。

```
P5.8    # 查询苹果数据集所有记录
01  @app.route('/get_all_details', methods = ['get'])
02  def get_all_details():
03      all_records = []
04      conn = lite.connect(db_path)    # 打开数据库
05      with conn:
06          cur = conn.cursor()
07          sql = f"select * from apples"
08          cur.execute(sql)
09          records = cur.fetchall()
10          if records:                 # 找到记录
11              for record in records:
12                  item = dict(zip(['id', 'name', 'feature', 'regular', 'cure', 'img_url'], record))
13                  all_records.append(item)
14              return jsonify(all_records), 200
15          else:                       # 没找到
16              return jsonify(message = f'数据集为空!'), 404
```

## 5.12 添加记录

程序段 P5.9 向 apples 数据表添加一条新记录。第 2 行语句要求用户提供身份验证，即提供其合法的 JSON Web Token 才能访问该模块，完成添加新数据的操作。

```
P5.9    # 添加记录
01  @app.route('/add_apple', methods = ['post'])
02  @jwt_required()                     # 需要身份验证
03  def add_apple():
04      name = request.form['name']
05      conn = lite.connect(db_path)    # 打开数据库
06      with conn:
07          cur = conn.cursor()
08          sql = f"select count(name) from apples where name = '{name}'"
09          cur.execute(sql)
10          count = cur.fetchone()[0]
11          if count > 0:               # 记录已存在
12              return jsonify(message = '添加的记录已存在!'), 409
13          else:
14              feature = request.form['feature']
15              regular = request.form['regular']
16              cure = request.form['cure']
17              img_url = request.form['img_url']
18              sql = f"insert into apples(name, feature, regular, cure, img_url) " \
19                    f"values ('{name}', '{feature}', '{regular}', '{cure}', '{img_url}')"
20              cur.execute(sql)
21              return jsonify(message = '成功添加新记录!'), 201
```

在 Postman 中做应用场景测试，观察反馈的输出结果，验证模块逻辑的正确性。

## 5.13 更新记录

视频讲解

程序段 P5.10 更新 apples 数据表中的记录。第 2 行语句要求用户提供身份验证，即提供其合法的 JSON Web Token 才能访问该模块，完成数据修改操作。

```
P5.10  # 更新记录
01  @app.route('/update_apple', methods = ['post'])
02  @jwt_required()                 # 需要身份验证
03  def update_apple():
04      id = request.form['id']
05      conn = lite.connect(db_path)  # 打开数据库
06      with conn:
07          cur = conn.cursor()
08          sql = f"select count(id) from apples where id = '{id}'"
09          cur.execute(sql)
10          count = cur.fetchone()[0]
11          if count <= 0:               # 记录不存在
12              return jsonify(message = '修改的记录不存在!'), 409
13          else:
14              name = request.form['name']
15              feature = request.form['feature']
16              regular = request.form['regular']
17              cure = request.form['cure']
18              img_url = request.form['img_url']
19              sql = f"update apples set name = '{name}', feature = '{feature}', " \
20                    f"regular = '{regular}', cure = '{cure}', img_url = '{img_url}'" \
21                    f"where id = '{id}'"
22              cur.execute(sql)
23              return jsonify(message = '成功修改记录!'), 201
```

在 Postman 中做应用场景测试，观察反馈的输出结果，验证模块逻辑的正确性。

## 5.14 删除记录

视频讲解

从数据库中删除记录，一般有两种策略：一种策略是不做数据的物理删除，而是添加一个新字段，用以标记记录已被删除，删除的数据可被恢复；另一种策略是直接物理删除数据。为简单起见，程序段 P5.11 直接物理删除 apples 数据表中的记录。第 2 行语句要求用户提供身份验证，即提供其合法的 JSON Web Token 才能访问该模块，完成记录删除操作。

```
P5.11  # 删除记录
01  @app.route('/delete_apple/<int:id>', methods = ['delete'])
02  @jwt_required()                 # 需要身份验证
03  def delete_apple(id:int):
04      conn = lite.connect(db_path)  # 打开数据库
05      with conn:
06          cur = conn.cursor()
```

```
07      sql = f"select count(id) from apples where id = '{id}'"
08      cur.execute(sql)
09      count = cur.fetchone()[0]
10      if count <= 0:                    # 记录不存在
11          return jsonify(message = '删除的记录不存在!'), 404
12      else:
13          sql = f"delete from apples where id = '{id}'"
14          cur.execute(sql)
15          return jsonify(message = '成功删除记录!'), 202
```

在 Postman 中做应用场景测试,观察反馈的输出结果,验证模块逻辑的正确性。

视频讲解

## 5.15 分类预测

程序段 P5.12 定义了一个 Web 预测服务模块。

**P5.12  # 定义模型预测服务**
```
01  import io
02  import base64
03  import numpy as np
04  from PIL import Image
05  from tensorflow.keras.models import load_model
06  from tensorflow.keras.preprocessing.image import img_to_array
07  model = load_model('./models/densenet121.h5')              # 加载模型
08  # 图像预处理
09  def preprocess_image(image, target_size):
10      if image.mode != 'RGB':
11          image = image.convert('RGB')
12      image = image.resize(target_size)
13      image = img_to_array(image)
14      image = image / 255.
15      image = np.expand_dims(image, axis = 0)
16      return image
17  # 模型预测
18  @app.route('/predict', methods = ['post'])
19  def predict():
20      message = request.get_json(force = True)
21      image = message['image']
22      decode_image = base64.b64decode(image)
23      image = Image.open(io.BytesIO(decode_image))
24      processed_image = preprocess_image(image, target_size = (512, 512))
25      prediction = model.predict(processed_image)[0].tolist()     # 预测
26      response = {
27          'prediction': {
28              'healthy': prediction[0],
29              'multiple_diseases': prediction[1],
30              'rust': prediction[2],
31              'scab': prediction[3]
32          }
33      }
34      return jsonify(response), 200
```

## 5.16　前端页面

视频讲解

程序段 P5.13 实现 Web 前端页面的基本逻辑。

**P5.13　# Web 前端页面设计**

```
01  <!DOCTYPE html>
02  <html lang="en">
03  <head>
04      <meta charset="UTF-8">
05      <title>苹果树病虫害预测</title>
06  </head>
07  <body>
08  <input id='image-selector' type='file'>
09  <button id='predict-button' type='button'>预 测</button>
10  <p style="font-weight: bold">预测结果:</p>
11  <p>healthy:<span id="healthy"></span></p>
12  <p>multiple_diseases:<span id="multiple_diseases"></span></p>
13  <p>rust:<span id="rust"></span></p>
14  <p>scab:<span id="scab"></span></p>
15  <img id="selected-image" src=""/>
16  <script src="jquery-3.6.0.min.js"></script>
17  <script>
18      let base64Image;
19      <!-- 选择图片 -->
20      $('#image-selector').change(function () {
21          let reader = new FileReader();
22          reader.onload = function (e) {
23              let dataUrl = reader.result;
24              $('#selected-image').attr('src', dataUrl);
25              base64Image = dataUrl.replace('data:image/jpeg;base64,', '');
26              console.log(base64Image)
27          } <!-- end on load -->
28          reader.readAsDataURL($('#image-selector')[0].files[0]);
29          $('#healthy').text('');
30          $('#multiple_diseases').text('');
31          $('#rust').text('');
32          $('#scab').text('');
33      }); <!-- end on change -->
34      <!-- 单击"预测"按钮 -->
35      $('#predict-button').click(function (event) {
36          let message = {
37              image: base64Image
38          }
39          console.log(message)
40          $.post('http://localhost:5000/predict', JSON.stringify(message), function (response) {
41              $('#healthy').text(response.prediction.healthy.toFixed(6));
42              $('#multiple_diseases').text(response.prediction.multiple_diseases.toFixed(6));
43              $('#rust').text(response.prediction.rust.toFixed(6));
44              $('#scab').text(response.prediction.scab.toFixed(6));
45          });
46      });
47  </script>
```

```
48    </body>
49  </html>
```

启动服务器,打开浏览器,在地址栏中输入预测页面地址 http://localhost:5000/static/predict.html,从测试集目录中任意选择一幅测试图片,单击"预测"按钮,观察服务器返回的预测结果,如图 5.9 所示。

图 5.9　前端页面测试结果

本章设计的 Web 服务器已经部署于腾讯云服务器,读者可以访问页面 http://120.53.107.28/static/predict.html 做应用测试。

视频讲解

## 5.17　小结

本章以第 3 章网络爬虫生成的数据库 apple.db 为基础,运用 Flask 构建 Web 服务框架,实现了用户注册、登录、邮件找回密码,对数据库的增、删、改、查,基于 JSON Web Token 的认证,全面介绍了基于 RESTful 风格的 Web API 设计方法。

基于第 4 章完成的 DenseNet121 训练模型,定义了 Web API 预测服务,通过与前端页面的联合测试,展示了智能 Web App 的设计原理与方法,项目的可扩展性好,易于部署推广,应用价值高。

## 5.18　习题

**一、简答题**

1. 智能 Web App 将智能模型部署于服务器端,其优点是什么？缺点是什么？
2. Flask 作为基于 Python 的轻量级 Web 框架,有哪些特点？
3. Postman 作为模拟 HTTP 请求的客户端调试工具,有哪些优点？
4. DB Browser for SQLite 作为 SQLite 数据库可视化管理工具,有哪些优点？
5. 简述基于 Flask 框架定义的主程序和 Web API 服务的一般语法形式。
6. 如何实现 Web API 服务与客户机之间的 JSON 数据交换？
7. 简述 HTTP 状态码的分类及其含义。
8. 客户端可以通过在 URL 末尾附加参数的方式向服务器提交数据,简述 URL 参数的一般语法形式。
9. 描述用 DB Browser for SQLite 创建用户数据表的基本步骤。
10. 在 Web 服务器端,如何区分客户机提交的请求类型是 get 还是 post？
11. JSON Web Token 的基本结构是什么？
12. 发送邮件,既可以采用 Python 自带的库模块 smtplib,也可以采用第三方扩展库模块 Flask-Mail。描述用 Flask-Mail 发送邮件的基本步骤。
13. 前端页面将待发送的图片进行 Base64 编码后再发给服务器,简述 Base64 编码的特点。
14. 简述以 JSON 格式表达数据的优点。

**二、编程题**

修改客户机向服务器发送图片的逻辑,不采用 Base64 编码,而是直接将图片的字节流数据发送到服务器,服务器端的接收逻辑也需要做出同步修改。

# 第 6 章 智能 Android App

本章在第 5 章 Web 版智能 App 的基础上,完成 Android 版智能 App 的设计。用户既可以通过手机实时访问 Web 数据库中的数据并下载图片,也可以实时拍摄苹果树照片上传到服务器,同时接收服务器反馈的预测结果。

为便于智能 Android App 的实验测试,扩大实验教学的受众范围,第 5 章完成的智能 Web App 已经部署于腾讯云服务器。服务器地址为 http://120.53.107.28/。

视频讲解

## 6.1 创建 Android 项目

启动 Android Studio,进入新建项目向导,如图 6.1 所示。在 Phone and Tablet 模板类型中选择 Empty Activity 模板,单击 Next 按钮,进入下一步。

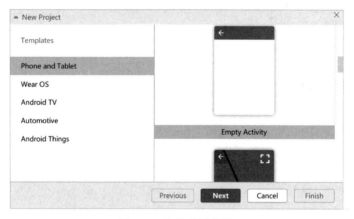

图 6.1 选择项目模板

设置项目名称为 AppleTree,包的名称为 cn.edu.ldu.appletree,确定保存位置,选择编程语言为 Kotlin,SDK 最小版本号设置为 API 21,如图 6.2 所示,单击 Finish 按钮,完成项目创建和初始化。

用公司域名的反向形式作为包的名称是一种惯例。之所以将 API 限定为 21 版本,是因为项目中调用了 CameraX 的相关 API,CameraX 需要 API 21 以上的版本支持。项目初始结构如图 6.3 所示。

运用真机或者模拟器运行测试项目,屏幕首页显示 Hello World。

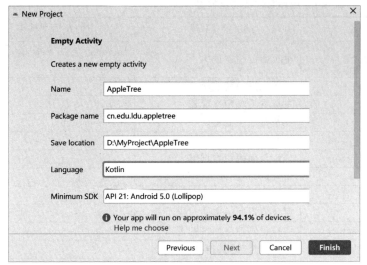

图 6.2　定义项目名称等初始参数

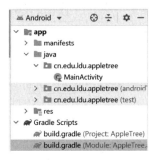

图 6.3　项目初始结构

## 6.2　定义项目结构

在项目初始结构(见图 6.3)基础上,选择根目录 appletree,右击,选择 New→Package 命令,创建五个子模块,分别是 network(访问网络)、overview(主页预览)、recognition(图像识别)、notifications(新闻资讯)、detail(详情页面),如图 6.4 所示。

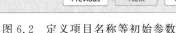

图 6.4　项目子模块结构

遵照图 6.4 的提示,依次完成各个子模块的分层定义,程序名称及其功能描述如表 6.1 所示。

## 表 6.1 程序名称及功能描述

| 模块名 | 程序名 | 功能描述 | 对应的布局文件 |
| --- | --- | --- | --- |
| overview | OverviewFragment | 主页面的控制逻辑 | fragment_overview grid_view_item |
| | OverviewViewModel | 视图数据控制逻辑 | |
| | PhotoGridAdapter | 主页数据绑定适配器 | |
| detail | DetailFragment | 详情页面控制逻辑 | fragment_detail |
| | DetailViewModel | 视图数据控制逻辑 | |
| | DetailViewModelFactory | 详情页面视图数据绑定 | |
| network | AppleApiService | 访问网络,图片上传和下载 | |
| | AppleProperty | 苹果树实体类,定义相关属性 | |
| | AppleResult | 服务器返回的实体对象 | |
| recognition | RecognitionFragment | 图像识别的界面控制逻辑 | fragment_recognition |
| | RecognitionViewModel | 视图数据控制逻辑 | |
| notifications | NotificationsFragment | 新闻资讯的界面控制逻辑 | fragment_notifications |
| | NotificationsViewModel | 视图数据控制逻辑 | |
| 主模块 | BindingAdapters | 全局性数据绑定适配器 | |
| | MainActivity | 主程序 | activity_main |

Fragment 的创建方法与步骤,以创建 OverviewFragment 为例,选择子包 overview,右击,在弹出的快捷菜单中选择 New→Fragment→Fragment(Blank)命令,设置名称等相关参数,如图 6.5 所示,创建 OverviewFragment 类的同时,会同时创建与之对应的布局文件 fragment_overview。

其他类的创建方法与步骤,以创建 OverviewViewModel 为例。选择子包 overview,右击,在弹出的快捷菜单中选择 New→Kotlin Class/File 命令,设置名称参数,如图 6.6 所示。

图 6.5 创建 Fragment

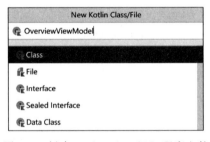

图 6.6 创建 Kotlin Class/File 程序文件

## 6.3 定义界面

视频讲解

创建 Activity 或者 Fragment 的同时会生成与之对应的布局文件,如图 6.7 所示。其中 grid_view_item 定义 fragment_overview 中的行布局,需要单独定义。

程序段 P6.1 完成 MainActivity 的布局文件 activity_main 的定义。

**P6.1** # 定义布局文件 activity_main
01  <?xml version = "1.0" encoding = "utf - 8"?>

```
02  <androidx.constraintlayout.widget.ConstraintLayout
03      xmlns:android = "http://schemas.android.com/apk/res/android"
04      xmlns:app = "http://schemas.android.com/apk/res-auto"
05      android:id = "@+id/container"
06      android:layout_width = "match_parent"
07      android:layout_height = "match_parent">
08      <com.google.android.material.bottomnavigation.BottomNavigationView
09          android:id = "@+id/nav_view"
10          android:layout_width = "0dp"
11          android:layout_height = "wrap_content"
12          android:layout_marginStart = "0dp"
13          android:layout_marginEnd = "0dp"
14          android:background = "?android:attr/windowBackground"
15          app:layout_constraintBottom_toBottomOf = "parent"
16          app:layout_constraintLeft_toLeftOf = "parent"
17          app:layout_constraintRight_toRightOf = "parent"
18          app:menu = "@menu/bottom_nav_menu" />
19      <fragment
20          android:id = "@+id/nav_host_fragment"
21          android:name = "androidx.navigation.fragment.NavHostFragment"
22          android:layout_width = "match_parent"
23          android:layout_height = "match_parent"
24          app:defaultNavHost = "true"
25          app:navGraph = "@navigation/nav_graph" />
26  </androidx.constraintlayout.widget.ConstraintLayout>
```

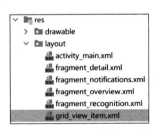

图 6.7　布局文件

程序段 P6.2 完成 OverviewFragment 的布局文件 fragment_overview 的定义。

**P6.2　# 定义布局文件 fragment_overview**
```
01  <?xml version = "1.0" encoding = "utf-8"?>
02  <layout xmlns:android = "http://schemas.android.com/apk/res/android"
03      xmlns:app = "http://schemas.android.com/apk/res-auto"
04      xmlns:tools = "http://schemas.android.com/tools">
05      <data>
06          <variable
07              name = "viewModel"
08              type = "cn.edu.ldu.appletree.overview.OverviewViewModel" />
09      </data>
10      <androidx.constraintlayout.widget.ConstraintLayout
11          android:layout_width = "match_parent"
12          android:layout_height = "match_parent"
```

```
13          tools:context = "cn.edu.ldu.appletree.MainActivity">
14          <androidx.recyclerview.widget.RecyclerView
15              android:id = "@+id/photos_grid"
16              android:layout_width = "0dp"
17              android:layout_height = "0dp"
18              android:padding = "6dp"
19              android:clipToPadding = "false"
20              app:layoutManager = "androidx.recyclerview.widget.GridLayoutManager"
21              app:layout_constraintBottom_toBottomOf = "parent"
22              app:layout_constraintLeft_toLeftOf = "parent"
23              app:layout_constraintRight_toRightOf = "parent"
24              app:layout_constraintTop_toTopOf = "parent"
25              app:spanCount = "4"
26              app:listData = "@{viewModel.properties}"
27              tools:itemCount = "8"
28              tools:listitem = "@layout/grid_view_item" />
29          <ImageView
30              android:id = "@+id/status_image"
31              android:layout_width = "wrap_content"
32              android:layout_height = "wrap_content"
33              app:layout_constraintBottom_toBottomOf = "parent"
34              app:layout_constraintLeft_toLeftOf = "parent"
35              app:layout_constraintRight_toRightOf = "parent"
36              app:layout_constraintTop_toTopOf = "parent"
37              app:appleApiStatus = "@{viewModel.status}" />
38      </androidx.constraintlayout.widget.ConstraintLayout>
39  </layout>
```

程序段 P6.3 完成 DetailFragment 的布局文件 fragment_detail 的定义。

**P6.3  # 定义布局文件 fragment_detail**
```
01  <?xml version = "1.0" encoding = "utf-8"?>
02  <layout xmlns:android = "http://schemas.android.com/apk/res/android"
03      xmlns:app = "http://schemas.android.com/apk/res-auto"
04      xmlns:tools = "http://schemas.android.com/tools">
05      <data>
06          <variable
07              name = "viewModel"
08              type = "cn.edu.ldu.appletree.detail.DetailViewModel" />
09      </data>
10      <ScrollView
11          android:layout_width = "match_parent"
12          android:layout_height = "match_parent"
13          tools:context = ".DetailFragment">
14          <androidx.constraintlayout.widget.ConstraintLayout
15              android:layout_width = "match_parent"
16              android:layout_height = "wrap_content"
17              android:padding = "16dp">
18              <ImageView
19                  android:id = "@+id/main_photo_image"
20                  android:layout_width = "match_parent"
```

```
21            android:layout_height="266dp"
22            android:scaleType="centerCrop"
23            app:layout_constraintLeft_toLeftOf="parent"
24            app:layout_constraintRight_toRightOf="parent"
25            app:layout_constraintTop_toTopOf="parent"
26            app:imageUrl="@{viewModel.selectedProperty.imgSrcUrl}"
27            tools:src="@tools:sample/avatars" />
28        <TextView
29            android:id="@+id/apple_id"
30            android:layout_width="wrap_content"
31            android:layout_height="wrap_content"
32            android:layout_marginTop="20dp"
33            tools:text="@{viewModel.displayPropertyId}"
34            android:textColor="#de000000"
35            android:textSize="20sp"
36            app:layout_constraintLeft_toLeftOf="parent"
37            app:layout_constraintTop_toBottomOf="@id/main_photo_image" />
38        <TextView
39            android:id="@+id/apple_name"
40            android:layout_width="wrap_content"
41            android:layout_height="wrap_content"
42            android:layout_marginTop="15dp"
43            tools:text="@{viewModel.displayPropertyName}"
44            android:textColor="#de000000"
45            android:textSize="20sp"
46            app:layout_constraintLeft_toLeftOf="parent"
47            app:layout_constraintTop_toBottomOf="@id/apple_id" />
48        <TextView
49            android:id="@+id/apple_feature"
50            android:layout_width="wrap_content"
51            android:layout_height="wrap_content"
52            android:layout_marginTop="15dp"
53            android:paddingTop="10dp"
54            tools:text="@{viewModel.displayPropertyFeature}"
55            android:textColor="#de000000"
56            android:textSize="20sp"
57            android:lineSpacingMultiplier="1.5"
58            app:layout_constraintLeft_toLeftOf="parent"
59            app:layout_constraintTop_toBottomOf="@id/apple_name" />
60        <TextView
61            android:id="@+id/apple_regular"
62            android:layout_width="wrap_content"
63            android:layout_height="wrap_content"
64            android:layout_marginTop="15dp"
65            android:paddingTop="10dp"
66            tools:text="@{viewModel.displayPropertyRegular}"
67            android:textColor="#de000000"
68            android:textSize="20sp"
69            android:lineSpacingMultiplier="1.5"
70            app:layout_constraintLeft_toLeftOf="parent"
71            app:layout_constraintTop_toBottomOf="@id/apple_feature" />
```

```
72              <TextView
73                  android:id = "@+id/apple_cure"
74                  android:layout_width = "wrap_content"
75                  android:layout_height = "wrap_content"
76                  android:layout_marginTop = "15dp"
77                  android:paddingTop = "10dp"
78                  tools:text = "@{viewModel.displayPropertyCure}"
79                  android:textColor = "                              #de000000"
80                  android:textSize = "20sp"
81                  android:lineSpacingMultiplier = "1.5"
82                  app:layout_constraintLeft_toLeftOf = "parent"
83                  app:layout_constraintTop_toBottomOf = "@id/apple_regular" />
84          </androidx.constraintlayout.widget.ConstraintLayout>
85      </ScrollView>
86  </layout>
```

程序段 P6.4 完成 RecognitionFragment 的布局文件 fragment_recognition 的定义。

**P6.4  # 定义布局文件 fragment_recognition**
```
01  <?xml version = "1.0" encoding = "utf-8"?>
02  <layout xmlns:android = "http://schemas.android.com/apk/res/android"
03      xmlns:app = "http://schemas.android.com/apk/res-auto"
04      xmlns:tools = "http://schemas.android.com/tools">
05      <androidx.constraintlayout.widget.ConstraintLayout
06          android:layout_width = "match_parent"
07          android:layout_height = "wrap_content">
08          <ImageView
09              android:id = "@+id/imageView"
10              android:layout_width = "192dp"
11              android:layout_height = "192dp"
12              android:layout_margin = "16dp"
13              android:contentDescription = "@string/title_recognition"
14              app:layout_constraintEnd_toEndOf = "parent"
15              app:layout_constraintStart_toStartOf = "parent"
16              app:layout_constraintTop_toTopOf = "parent"
17              app:srcCompat = "@drawable/ic_launcher_background" />
18          <TextView
19              android:id = "@+id/txtHint"
20              android:layout_width = "wrap_content"
21              android:layout_height = "wrap_content"
22              android:layout_marginTop = "10dp"
23              android:text = "采集图像"
24              android:textColor = "@color/black"
25              android:textSize = "18sp"
26              app:layout_constraintEnd_toEndOf = "parent"
27              app:layout_constraintStart_toStartOf = "parent"
28              app:layout_constraintTop_toBottomOf = "@+id/imageView" />
29          <TextView
30              android:id = "@+id/txtHealthy"
31              android:layout_width = "wrap_content"
32              android:layout_height = "wrap_content"
```

```xml
33              android:layout_marginStart = "20dp"
34              android:layout_marginTop = "10dp"
35              android:text = ""
36              android:textColor = "@color/black"
37              android:textSize = "20sp"
38              app:layout_constraintStart_toStartOf = "parent"
39              app:layout_constraintTop_toBottomOf = "@ + id/txtHint" />
40          < TextView
41              android:id = "@ + id/txtMultiple"
42              android:layout_width = "wrap_content"
43              android:layout_height = "wrap_content"
44              android:layout_marginStart = "20dp"
45              android:layout_marginTop = "10dp"
46              android:text = ""
47              android:textColor = "@color/black"
48              android:textSize = "20sp"
49              app:layout_constraintStart_toStartOf = "parent"
50              app:layout_constraintTop_toBottomOf = "@ + id/txtHealthy" />
51          < TextView
52              android:id = "@ + id/txtRust"
53              android:layout_width = "wrap_content"
54              android:layout_height = "wrap_content"
55              android:layout_marginStart = "20dp"
56              android:layout_marginTop = "10dp"
57              android:text = ""
58              android:textColor = "@color/black"
59              android:textSize = "20sp"
60              app:layout_constraintStart_toStartOf = "parent"
61              app:layout_constraintTop_toBottomOf = "@ + id/txtMultiple" />
62          < TextView
63              android:id = "@ + id/txtScab"
64              android:layout_width = "wrap_content"
65              android:layout_height = "wrap_content"
66              android:layout_marginStart = "20dp"
67              android:layout_marginTop = "10dp"
68              android:text = ""
69              android:textColor = "@color/black"
70              android:textSize = "20sp"
71              app:layout_constraintStart_toStartOf = "parent"
72              app:layout_constraintTop_toBottomOf = "@ + id/txtRust" />
73          < Button
74              android:id = "@ + id/btnCapture"
75              android:layout_width = "wrap_content"
76              android:layout_height = "wrap_content"
77              android:layout_marginBottom = "?actionBarSize"
78              android:text = "拍照识别"
79              android:textSize = "24sp"
80              app:layout_constraintBottom_toBottomOf = "parent"
81              app:layout_constraintStart_toStartOf = "parent" />
82          < Button
83              android:id = "@ + id/btnLoadPicture"
```

```
84          android:layout_width = "wrap_content"
85          android:layout_height = "wrap_content"
86          android:layout_marginBottom = "?actionBarSize"
87          android:text = "图库识别"
88          android:textSize = "24sp"
89          app:layout_constraintBottom_toBottomOf = "parent"
90          app:layout_constraintEnd_toEndOf = "parent" />
91  </androidx.constraintlayout.widget.ConstraintLayout>
92 </layout>
```

程序段 P6.5 完成 NotificationsFragment 的布局文件 fragment_notifications 的定义。

**P6.5** # 定义布局文件 fragment_notifications
```
01 <?xml version = "1.0" encoding = "utf-8"?>
02 < androidx.constraintlayout.widget.ConstraintLayout
03     xmlns:android = "http://schemas.android.com/apk/res/android"
04     xmlns:app = "http://schemas.android.com/apk/res-auto"
05     xmlns:tools = "http://schemas.android.com/tools"
06     android:layout_width = "match_parent"
07     android:layout_height = "match_parent"
08     tools:context = ".notifications.NotificationsFragment">
09     < TextView
10         android:layout_width = "wrap_content"
11         android:layout_height = "wrap_content"
12         android:text = "此页面显示与苹果相关的新闻热点与资讯信息……"
13         android:textSize = "28sp"
14         android:padding = "10sp"
15         android:layout_margin = "20sp"
16         app:layout_constraintStart_toStartOf = "parent"
17         app:layout_constraintEnd_toEndOf = "parent"
18         app:layout_constraintBottom_toBottomOf = "parent"
19         app:layout_constraintTop_toTopOf = "parent" />
20 </androidx.constraintlayout.widget.ConstraintLayout>
```

右击项目的 layout 布局节点，在弹出的快捷菜单中选择 New→Layout Resource File 命令，弹出如图 6.8 所示的对话框，设置布局文件名称为 grid_view_item，单击 OK 按钮，创建行布局文件。

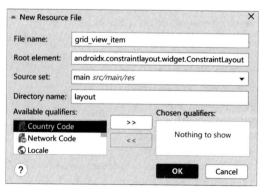

图 6.8 创建行布局文件

程序段 P6.6 完成 grid_view_item 的定义。

**P6.6　# 定义布局文件 grid_view_item**
```
01  <?xml version = "1.0" encoding = "utf-8"?>
02  <layout
03      xmlns:android = "http://schemas.android.com/apk/res/android"
04      xmlns:app = "http://schemas.android.com/apk/res-auto"
05      xmlns:tools = "http://schemas.android.com/tools">
06      <data>
07          <variable
08              name = "property"
09              type = "cn.edu.ldu.appletree.network.AppleProperty" />
10      </data>
11      <ImageView
12          android:id = "@+id/apple_image"
13          android:layout_margin = "10dp"
14          android:padding = "5dp"
15          android:layout_width = "match_parent"
16          android:layout_height = "match_parent"
17          android:adjustViewBounds = "true"
18          android:scaleType = "centerCrop"
19          app:imageUrl = "@{property.imgSrcUrl}"
20          tools:srcCompat = "@tools:sample/avatars" />
21  </layout>
```

## 6.4　定义视图导航

视频讲解

右击项目的 res 资源节点,在弹出的快捷菜单中选择 New→Android Resource File 命令,弹出如图 6.9 所示的对话框,设置导航文件名称为 nav_graph,设置资源类型为 Navigation,单击 OK 按钮。如果是首次创建导航文件,系统会提示添加相关依赖库,单击"添加"按钮即可。

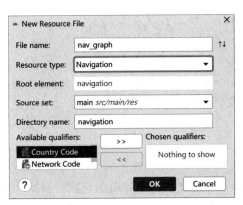

图 6.9　创建导航文件

可以在导航的可视化设计窗口中定义视图导航关系,也可以根据程序段 P6.7 完成 nav_graph 的定义。

**P6.7** # 定义导航文件 nav_graph

```
01    <?xml version = "1.0" encoding = "utf-8"?>
02    <navigation xmlns:android = "http://schemas.android.com/apk/res/android"
03        xmlns:app = "http://schemas.android.com/apk/res-auto"
04        xmlns:tools = "http://schemas.android.com/tools"
05        android:id = "@+id/nav_graph"
06        app:startDestination = "@+id/navigation_home">
07        <fragment
08            android:id = "@+id/navigation_home"
09            android:name = "cn.edu.ldu.appletree.overview.OverviewFragment"
10            android:label = "@string/title_home"
11            tools:layout = "@layout/fragment_overview">
12            <action
13                android:id = "@+id/action_showDetail"
14                app:destination = "@id/detailFragment" />
15        </fragment>
16        <fragment
17            android:id = "@+id/detailFragment"
18            android:name = "cn.edu.ldu.appletree.detail.DetailFragment"
19            android:label = "@string/title_detail"
20            tools:layout = "@layout/fragment_detail">
21            <argument
22                android:name = "selectedProperty"
23                app:argType = "cn.edu.ldu.appletree.network.AppleProperty"
24                />
25        </fragment>
26        <fragment
27            android:id = "@+id/navigation_recognition"
28            android:name = "cn.edu.ldu.appletree.recognition.RecognitionFragment"
29            android:label = "@string/title_recognition"
30            tools:layout = "@layout/fragment_recognition" />
31        <fragment
32            android:id = "@+id/navigation_notifications"
33            android:name = "cn.edu.ldu.appletree.notifications.NotificationsFragment"
34            android:label = "@string/title_notifications"
35            tools:layout = "@layout/fragment_notifications" />
36    </navigation>
```

完成导航文件 nav_graph 的定义后,在 res 节点下面,会生成名称为 navigation 的节点,该节点中包含定义的导航文件。

视频讲解

## 6.5 定义项目菜单

为便于用户操作,屏幕底部定义了一个导航条,包含"首页""识别"和"资讯"三个子菜单项,将其定义为菜单资源文件 bottom_nav_menu。另外,将一些操作频率不高的菜单项封装到 more_menu 文件中,显示为屏幕右上角的下拉菜单。

右击项目的 res 资源节点,在弹出的快捷菜单中选择 New→Android Resource File 命令,弹出如图 6.10 所示的对话框,设置菜单文件名称为 bottom_nav_menu,设置资源类型为 Menu,单击 OK 按钮。

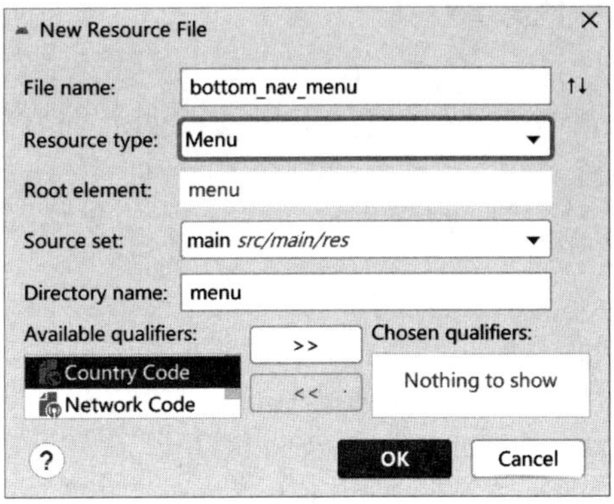

图 6.10 创建底部导航菜单

程序段 P6.8 完成屏幕底部导航菜单 bottom_nav_menu 的定义。

**P6.8　# 定义屏幕底部导航菜单 bottom_nav_menu**
```
01  <?xml version = "1.0" encoding = "utf-8"?>
02  <menu xmlns:android = "http://schemas.android.com/apk/res/android">
03      <item
04          android:id = "@+id/navigation_home"
05          android:icon = "@drawable/ic_home_black_24dp"
06          android:title = "@string/title_home" />
07      <item
08          android:id = "@+id/navigation_recognition"
09          android:icon = "@drawable/ic_dashboard_black_24dp"
10          android:title = "@string/title_recognition" />
11      <item
12          android:id = "@+id/navigation_notifications"
13          android:icon = "@drawable/ic_notifications_black_24dp"
14          android:title = "@string/title_notifications" />
15  </menu>
```

完成屏幕底部导航菜单定义后,在 res 节点下面,会生成名称为 menu 的节点,该节点中包含定义的菜单文件。

用同样的方法,定义下拉菜单文件 more_menu,如程序段 P6.9 所示。

**P6.9　# 下拉菜单 more_menu**
```
01  <?xml version = "1.0" encoding = "utf-8"?>
02  <menu xmlns:android = "http://schemas.android.com/apk/res/android">
03      <item
04          android:id = "@+id/help"
05          android:title = "@string/help" />
06      <item
07          android:id = "@+id/about"
08          android:title = "@string/about" />
09  </menu>
```

视频讲解

## 6.6 全局性常量与变量

为了提高项目的可扩展性,一般将项目中用到的全局性常量或变量定义到一个名为 strings 的文件中,如程序段 P6.10 所示。字符串文件 strings 存放于项目的 values 节点中。

```
P6.10   # 定义字符串定义文件 strings
01   <resources>
02      <string name = "app_name">苹果园</string>
03      <string name = "help">帮助</string>
04      <string name = "about">关于</string>
05      <string name = "display_id">ID:%d</string>
06      <string name = "display_name">名称:%s</string>
07      <string name = "display_feature">特征:%s</string>
08      <string name = "display_regular">发病规律:%s</string>
09      <string name = "display_cure">防治措施:%s</string>
10      <string name = "title_home">首页</string>
11      <string name = "title_recognition">识别</string>
12      <string name = "title_notifications">资讯</string>
13      <string name = "title_detail">专家解读</string>
14   </resources>
```

第5~9行粗体语句定义的是格式化的动态数据串,占位符%d、%s处填充程序中获取的动态数据。

综合前面完成的导航、菜单定义,形成的项目资源结构如图6.11所示。

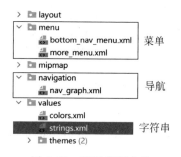

图 6.11 项目资源文件

视频讲解

## 6.7 图像资源

底部导航条的三个按钮需要三个定制图标。用户访问网络获取数据时,为了表示网络的状态,也需要三个定制图标。这些图标资源存放于 res 下面的 drawable 节点中。文件列表如图6.12所示。

各个图像资源文件及解析如表6.2所示。

表 6.2　各个图像资源文件及解析

| 文件名称 | 功能描述 | 对应的图标 |
| --- | --- | --- |
| ic_broken_image.xml | 数据无法获取的状态提示 |  |
| ic_connection_error.xml | 禁止网络访问的状态提示 |  |
| loading_animation.xml,loading_img.xml | 正在下载数据的状态提示 |  |
| ic_home_black_24dp.xml | 菜单项"首页"的图标提示 |  |
| ic_dashboard_black_24dp.xml | 菜单项"识别"的图标提示 |  |
| ic_notifications_black_24dp.xml | 菜单项"资讯"的图标提示 |  |

从本章课件中找到上述图标资源文件，将其直接复制到项目的 drawable 节点下即可。

为了让 App 的图标拥有个性化设计元素，用户可以用自己的矢量图替换 Android Studio 为项目创建的默认图标。

从本章课件中找到名称为 appletree.png 的图片，如图 6.13 所示。

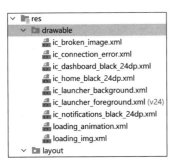

图 6.12　图标资源文件列表

图 6.13　用于定制 App 图标的图片

右击项目的 res 节点，在弹出的快捷菜单中选择 New→Image Asset 命令，弹出如图 6.14 所示的对话框，选择图像所在路径，单击 Next 按钮，在新的对话框中单击 Finish 按钮，即可完成 App 图标的个性化定制。

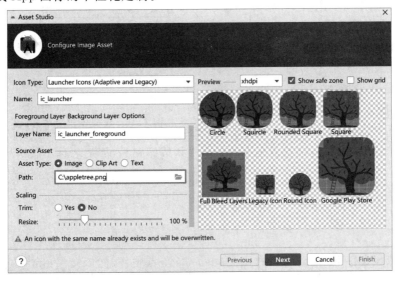

图 6.14　定制 App 图标

## 6.8 设置项目权限

项目的根目录中包含一个名称为 AndroidManifest.xml 的文件，该文件称为项目清单文件。项目清单文件向 Android 系统提供必要的项目全局信息。

项目清单文件的主要功能：

（1）命名软件包名称，作为应用的唯一标识符。

（2）描述应用的各个组件，包括构成应用的 Activity、服务、广播接收器和内容提供程序等。

（3）确定用户权限，如互联网访问权限、照相机使用权限、开放联系人读取权限等。

本项目需要访问网络，需要使用照相机拍摄照片，以及外部存储器的读取权限，所以需要在项目清单文件中添加如下权限配置语句：

```
< uses - permission android:name = "android.permission.INTERNET" />
< uses - feature android:name = "android.hardware.camera.any" />
< uses - permission android:name = "android.permission.CAMERA" />
< uses - permission android:name = "android.permission.READ_EXTERNAL_STORAGE"/>
```

本项目的 Web 服务器采用 HTTP 访问模式，故需要在 application 节点中添加语句 android:usesCleartextTraffic="true"，允许通过 HTTP 收发数据。

## 6.9 配置项目依赖

Android Studio 选择 Gradle 作为项目的构建部署工具，管理各种依赖关系。Gradle 用于项目资源与源代码编译，然后将它们打包成可供测试、部署、签署和分发的 APK。项目中包含两个名为 build.gradle 的配置文件，如图 6.15 所示，一个作用于项目的全局依赖配置，称为项目依赖；另一个作用于模块的依赖配置，称为模块依赖。

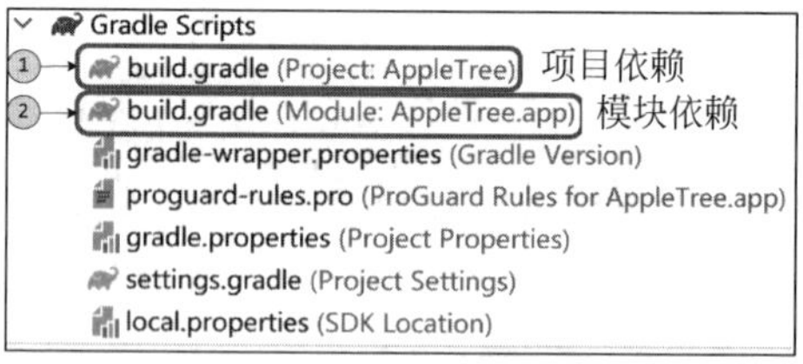

①与②的文件名均为 build.gradle，但是作用域和功能逻辑是不同的。前者是整个工程项目的构建脚本，后者是当前模块 App 的构建脚本。

图 6.15　项目依赖与模块依赖文件

通常采用如图 6.16 所示的三段式结构语法表示依赖项，依次为颁发依赖库的组织机构或库路径、库的名称和版本号。

```
implementation "androidx.recyclerview:recyclerview:1.1.0"
```
发布依赖库的组织机构或库路径　库名称　版本号

图 6.16　依赖库的三段式结构表示

在项目依赖文件 buid.gradle 的 dependencies 节点中，添加依赖项：

```
        def nav_version = "2.3.4"
        classpath "androidx.navigation:navigation-safe-args-gradle-plugin:$nav_version"
```

同步项目依赖文件 build.gradle,同步或重构依赖关系。

在模块依赖文件 buid.gradle 的 dependencies 节点中,添加依赖项,如程序段 P6.11 所示,粗体表示在原有基础上新增的依赖语句。

**P6.11** # 在模块的依赖文件 build.gradle 的 dependencies 节点中,添加依赖项

```
01  plugins {
02      …
03  }
04  apply plugin: 'kotlin-android-extensions'
05  apply plugin: 'kotlin-kapt'
06  apply plugin: "androidx.navigation.safeargs"
07  android {
08      …
09      defaultConfig { … }
10      buildTypes {
11          release { … }
12      }
13      buildFeatures {
14          dataBinding true
15      }
16      compileOptions { … }
17      kotlinOptions { … }
18  }
19  dependencies {
20      …
21      implementation "androidx.lifecycle:lifecycle-viewmodel-ktx:2.3.0"
22      implementation "com.squareup.retrofit2:retrofit:2.9.0"
23      implementation "com.squareup.retrofit2:converter-scalars:2.9.0"
24      implementation "com.squareup.retrofit2:converter-moshi:2.9.0"
25      implementation("com.squareup.moshi:moshi-kotlin:1.11.0")
26      implementation("com.squareup.moshi:moshi:1.11.0")
27      implementation 'com.github.bumptech.glide:glide:4.12.0'
28      annotationProcessor 'com.github.bumptech.glide:compiler:4.12.0'
29      implementation "androidx.recyclerview:recyclerview:1.1.0"
30      implementation "androidx.recyclerview:recyclerview-selection:1.1.0"
31      implementation "androidx.lifecycle:lifecycle-livedata-ktx:2.3.0"
32      def camerax_version = "1.0.0-rc04"
33      implementation "androidx.camera:camera-core:${camerax_version}"
34      implementation "androidx.camera:camera-camera2:${camerax_version}"
35      implementation "androidx.camera:camera-lifecycle:${camerax_version}"
36      implementation "androidx.camera:camera-view:1.0.0-alpha23"
37      implementation "androidx.camera:camera-extensions:1.0.0-alpha23"
38      implementation 'com.squareup.retrofit2:converter-gson:2.9.0'
39  }
```

同步 build.gradle 文件,下载或重构模块依赖关系。

视频讲解

## 6.10 定义实体类

项目需要定义两个实体类：一个是 AppleProperty 类，用于表示苹果病虫害的属性信息；另一个是 AppleResult 类，用于表示从服务器返回的预测结果。

AppleProperty 类的定义如程序段 P6.12 所示。

```
P6.12  # 定义 AppleProperty 类
01  package cn.edu.ldu.appletree.network
02  import android.os.Parcelable
03  import com.squareup.moshi.Json
04  import kotlinx.android.parcel.Parcelize
05  @Parcelize
06  class AppleProperty(
07      val id: Int,
08      val name: String,
09      val feature: String,
10      val regular: String,
11      val cure: String,
12      @Json(name = "img_url") val imgSrcUrl: String) :Parcelable{
13  }
```

AppleResult 类的定义如程序段 P6.13 所示。

```
P6.13  # 定义 AppleResult 类
01  package cn.edu.ldu.appletree.network
02  class AppleResult {
03      data class resultInfo(
04          val prediction: Data
05      )
06      data class Data(
07          val healthy: Double,
08          val multiple_diseases: Double,
09          val rust: Double,
10          val scab: Double
11      )
12  }
```

视频讲解

## 6.11 网络访问服务接口

访问网络的逻辑有两个：一个是从服务器获取所有病虫害数据，以缩略图的形式显示在屏幕上，单击缩略图可以观察详情页面；另一个是在识别页面，将拍摄的照片或者从图库中选择的图片上传到服务器进行识别并返回识别结果。

在 AppleApiService 中基于 Retrofit 框架定义数据的下载与上传 API，下载的数据以 Moshi 对象返回，上传的图片以 RequestBody 对象提交，如程序段 P6.14 所示。

**P6.14**　# 定义网络访问服务接口 `AppleApiService`

```
01  package cn.edu.ldu.appletree.network
02  import com.squareup.moshi.Moshi
03  import com.squareup.moshi.kotlin.reflect.KotlinJsonAdapterFactory
04  import okhttp3.RequestBody
05  import okhttp3.ResponseBody
06  import retrofit2.Call
07  import retrofit2.Retrofit
08  import retrofit2.converter.moshi.MoshiConverterFactory
09  import retrofit2.http.Body
10  import retrofit2.http.GET
11  import retrofit2.http.POST
12  private const val BASE_URL = "http://120.53.107.28/"
13  private val moshi = Moshi.Builder()
14      .add(KotlinJsonAdapterFactory())
15      .build()
16  private val retrofit = Retrofit.Builder()
17      .addConverterFactory(MoshiConverterFactory.create(moshi))
18      .baseUrl(BASE_URL)
19      .build()
20  interface AppleApiService {
21      @GET("get_all_details")
22      suspend fun getProperties(): List<AppleProperty>
23      @POST("predict")
24      fun getPredictResult(@Body body: RequestBody) : Call<ResponseBody>
25  }
26  object AppleApi {
27      val retrofitService : AppleApiService by lazy {
28          retrofit.create(AppleApiService::class.java) }
29  }
```

## 6.12　ViewModel 组件

视频讲解

ViewModel 组件以 Activity 或 Fragment 实例生命周期的方式存储和管理界面显示的相关数据。ViewModel 组件在屏幕旋转、Activity 或 Fragment 切换到后台的情况下仍会继续管理和维护界面数据。

图 6.17 显示 Activity 发生屏幕旋转事件时,生命周期中的状态变化与 ViewModel 的数据管理关系。

不难看出,ViewModel 组件的生命周期与关联的 Activity 是同步的。当 Activity 发生屏幕旋转,Activity 进入 onPause、onStop、onDestroy 状态时,ViewModel 仍然管理和维持界面数据。只有在 Activity 进入结束阶段的 onDestroy 状态后,ViewModel 才会释放数据,结束生命周期。

图 6.17 描述的 ViewModel 与 Activity 的关系,同样适用于 Fragment 生命周期内的界面数据管理。

ViewModel 实时更新界面数据的逻辑如图 6.18 所示。

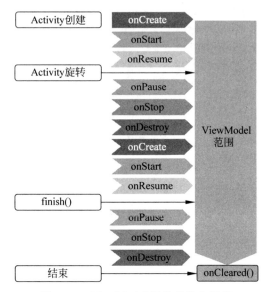

图 6.17 ViewModel 组件的生命周期

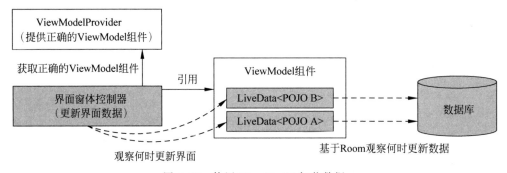

图 6.18 使用 ViewModel 加载数据

　　界面窗体控制器(Activity 或者 Fragment)通过 ViewModelProvider 关联到 ViewModel 组件,ViewModel 组件通过 LiveData 对象管理数据,也可以通过 Room 访问数据库中的数据。当 ViewModel 管理的数据发生变化时,只要界面控制器处于活动状态,界面控制器就能实时检测到变化的数据,并自动将其实时更新到界面上。

## 6.13　首页模块设计

　　首页模块包含 OverviewFragment、PhotoGridAdapter、OverviewViewModel 三个子模块,三者关系如图 6.19 所示。

图 6.19　首页子模块之间的关系

　　程序段 P6.15 完成 OverviewViewModel 模块的定义。

**P6.15**  # 定义 OverviewViewModel 模块

```
01  package cn.edu.ldu.appletree.overview
02  import androidx.lifecycle.LiveData
03  import androidx.lifecycle.MutableLiveData
04  import androidx.lifecycle.ViewModel
05  import androidx.lifecycle.viewModelScope
06  import cn.edu.ldu.appletree.network.AppleApi
07  import cn.edu.ldu.appletree.network.AppleProperty
08  import kotlinx.coroutines.launch
09  enum class AppleApiStatus { LOADING, ERROR, DONE }
10  class OverviewViewModel:ViewModel() {
11      //status 属性表示网络服务的状态
12      private val _status = MutableLiveData<AppleApiStatus>()
13      val status: LiveData<AppleApiStatus>
14          get() = _status
15      private val _properties = MutableLiveData<List<AppleProperty>>()
16      val properties: LiveData<List<AppleProperty>>
17          get() = _properties
18      private val _navigateToSelectedProperty = MutableLiveData<AppleProperty?>()
19      val navigateToSelectedProperty: LiveData<AppleProperty?>
20          get() = _navigateToSelectedProperty
21      //初始化
22      init {
23          getAppleProperties()
24      }
25      private fun getAppleProperties() {
26          viewModelScope.launch {
27              try {
28                  _properties.value = AppleApi.retrofitService.getProperties()
29                  _status.value = AppleApiStatus.DONE
30              }catch (e:Exception){
31                  _status.value = AppleApiStatus.ERROR
32                  _properties.value = ArrayList() //清空图像网格视图
33              }
34          }
35      }
36      fun displayPropertyDetails(appleProperty: AppleProperty) {
37          _navigateToSelectedProperty.value = appleProperty
38      }
39      fun displayPropertyDetailsComplete() {
40          _navigateToSelectedProperty.value = null
41      }
42  }
```

程序段 P6.16 完成 PhotoGridAdapter 模块的定义。

**P6.16**  # 定义 PhotoGridAdapter 模块

```
01  package cn.edu.ldu.appletree.overview
02  import android.view.LayoutInflater
03  import android.view.ViewGroup
04  import androidx.recyclerview.widget.DiffUtil
```

```
05   import androidx.recyclerview.widget.ListAdapter
06   import androidx.recyclerview.widget.RecyclerView
07   import cn.edu.ldu.appletree.databinding.GridViewItemBinding
08   import cn.edu.ldu.appletree.network.AppleProperty
09   class PhotoGridAdapter(private val onClickListener: OnClickListener) :
10   ListAdapter<AppleProperty,PhotoGridAdapter.ApplePropertyViewHolder>(DiffCallback)
11   {
12       override fun onCreateViewHolder(
13           parent: ViewGroup,
14           viewType: Int
15       ): PhotoGridAdapter.ApplePropertyViewHolder {
16           return ApplePropertyViewHolder(GridViewItemBinding.inflate(
17               LayoutInflater.from(parent.context)))
18       }
19       override fun onBindViewHolder(holder:
20   PhotoGridAdapter.ApplePropertyViewHolder,
21                                    position: Int) {
22           val appleProperty = getItem(position)
23           holder.itemView.setOnClickListener {
24               onClickListener.onClick(appleProperty)
25           }
26           holder.bind(appleProperty)
27       }
28       companion object DiffCallback : DiffUtil.ItemCallback<AppleProperty>() {
29           override fun areItemsTheSame(oldItem: AppleProperty,
30                                        newItem: AppleProperty): Boolean {
31               return oldItem === newItem
32           }
33           override fun areContentsTheSame(oldItem: AppleProperty,
34                                           newItem: AppleProperty): Boolean {
35               return oldItem.id == newItem.id
36           }
37       }
38       class ApplePropertyViewHolder(private var binding:
39                                    GridViewItemBinding
40       ):RecyclerView.ViewHolder(binding.root) {
41           fun bind(appleProperty: AppleProperty) {
42               binding.property = appleProperty
43               binding.executePendingBindings()
44           }
45       }
46       class OnClickListener(val clickListener: (appleProperty:AppleProperty) -> Unit) {
47           fun onClick(appleProperty:AppleProperty) = clickListener(appleProperty)
48       }
49   }
```

程序段 P6.17 完成 OverviewFragment 模块的定义。

**P6.17　# 定义 OverviewFragment 模块**

```
01   package cn.edu.ldu.appletree.overview
02   import android.os.Bundle
```

```
03     import android.view.*
04     import androidx.fragment.app.Fragment
05     import androidx.lifecycle.Observer
06     import androidx.lifecycle.ViewModelProvider
07     import androidx.navigation.fragment.findNavController
08     import cn.edu.ldu.appletree.R
09     import cn.edu.ldu.appletree.databinding.FragmentOverviewBinding
10     class OverviewFragment : Fragment() {
11         private val viewModel: OverviewViewModel by lazy {
12             ViewModelProvider(this).get(OverviewViewModel::class.java)
13         }
14         override fun onCreateView(
15             inflater: LayoutInflater, container: ViewGroup?,
16             savedInstanceState: Bundle?
17         ): View? {
18             val binding = FragmentOverviewBinding.inflate(inflater)
19             binding.lifecycleOwner = this
20             binding.viewModel = viewModel
21             binding.photosGrid.adapter = PhotoGridAdapter(
22                 PhotoGridAdapter.OnClickListener {
23                     viewModel.displayPropertyDetails(it)
24                 })
25             viewModel.navigateToSelectedProperty.observe(
26                 viewLifecycleOwner, Observer {
27                 if ( null != it ) {
28                     this.findNavController().navigate(
29                         OverviewFragmentDirections.actionShowDetail(it))
30                     viewModel.displayPropertyDetailsComplete()
31                 }
32             })
33             setHasOptionsMenu(true)
34             return binding.root
35         }
36         override fun onCreateOptionsMenu(menu: Menu, inflater: MenuInflater) {
37             inflater.inflate(R.menu.more_menu, menu)
38             super.onCreateOptionsMenu(menu, inflater)
39         }
40     }
```

## 6.14 数据绑定方法

BindingAdapters 模块中定义了数据动态绑定方法,分别是基于 Glide 框架的图像绑定、RecyclerView 的列表数据绑定、网络状态绑定,如程序段 P6.18 所示。

视频讲解

**P6.18 # 定义 BindingAdapters 模块**

```
01     package cn.edu.ldu.appletree
02     import android.view.View
03     import android.widget.ImageView
04     import androidx.core.net.toUri
```

```
05  import androidx.databinding.BindingAdapter
06  import androidx.recyclerview.widget.RecyclerView
07  import cn.edu.ldu.appletree.network.AppleProperty
08  import cn.edu.ldu.appletree.overview.AppleApiStatus
09  import cn.edu.ldu.appletree.overview.PhotoGridAdapter
10  import com.bumptech.glide.Glide
11  import com.bumptech.glide.request.RequestOptions
12  @BindingAdapter("imageUrl")
13  fun bindImage(imgView: ImageView, imgUrl: String?) {
14      imgUrl?.let {
15          val imgUri = imgUrl.toUri().buildUpon().scheme("http").build()
16          Glide.with(imgView.context)
17              .load(imgUri)
18              .apply(RequestOptions()
19                  .placeholder(R.drawable.loading_animation)
20                  .error(R.drawable.ic_broken_image))
21              .into(imgView)
22      }
23  }
24  @BindingAdapter("listData")
25  fun bindRecyclerView(recyclerView: RecyclerView,
26                       data: List<AppleProperty>?) {
27      val adapter = recyclerView.adapter as PhotoGridAdapter
28      adapter.submitList(data)
29  }
30  @BindingAdapter("appleApiStatus")
31  fun bindStatus(statusImageView: ImageView, status: AppleApiStatus?) {
32      when (status) {
33          AppleApiStatus.LOADING -> {
34              statusImageView.visibility = View.VISIBLE
35              statusImageView.setImageResource(R.drawable.loading_animation)
36          }
37          AppleApiStatus.ERROR -> {
38              statusImageView.visibility = View.VISIBLE
39              statusImageView.setImageResource(R.drawable.ic_connection_error)
40          }
41          AppleApiStatus.DONE -> {
42              statusImageView.visibility = View.GONE
43          }
44      }
45  }
```

## 6.15 MainActivity 设计

视频讲解

MainActivity 模块是整个项目的启动模块,主要完成主界面控制逻辑的构建,如程序段 P6.19 所示。

**P6.19  # 定义 MainActivity 模块**

```
01  package cn.edu.ldu.appletree
```

```
02  import androidx.appcompat.app.AppCompatActivity
03  import android.os.Bundle
04  import androidx.navigation.findNavController
05  import androidx.navigation.ui.AppBarConfiguration
06  import androidx.navigation.ui.setupActionBarWithNavController
07  import androidx.navigation.ui.setupWithNavController
08  import com.google.android.material.bottomnavigation.BottomNavigationView
09  class MainActivity : AppCompatActivity() {
10      override fun onCreate(savedInstanceState: Bundle?) {
11          super.onCreate(savedInstanceState)
12          setContentView(R.layout.activity_main)
13          val navView: BottomNavigationView = findViewById(R.id.nav_view)
14          val navController = findNavController(R.id.nav_host_fragment)
15          val appBarConfiguration = AppBarConfiguration(setOf(
16              R.id.navigation_home, R.id.navigation_recognition,
17              R.id.navigation_notifications))
18          setupActionBarWithNavController(navController, appBarConfiguration)
19          navView.setupWithNavController(navController)
20      }
21  }
```

分别在模拟器与真机上运行测试程序，显示结果如图 6.20 所示。可根据需要滚动屏幕，显示更多信息。首页分四列显示了 27 种病虫害的缩略图。单击任意一幅缩略图，暂时无法跳转到详情页面，下一步的任务是完成详情模块的设计。

(a) 模拟器测试结果　　(b) 真机测试结果

图 6.20　首页测试结果

## 6.16　详情模块设计

详情模块包含 DetailFragment、DetailViewModelFactory、DetailViewModel 三个子模块，三者关系如图 6.21 所示。

图 6.21 详情子模块之间的关系

程序段 P6.20 完成 DetailViewModel 模块的定义。

```
P6.20  # 定义 DetailViewModel 模块
01   package cn.edu.ldu.appletree.detail
02   import android.app.Application
03   import androidx.lifecycle.*
04   import cn.edu.ldu.appletree.R
05   import cn.edu.ldu.appletree.network.AppleProperty
06   class DetailViewModel(appleProperty: AppleProperty, application: Application) :
07       AndroidViewModel(application){
08       private val _selectedProperty = MutableLiveData<AppleProperty>()
09       val selectedProperty: LiveData<AppleProperty>
10           get() = _selectedProperty
11       init {
12           _selectedProperty.value = appleProperty
13       }
14       val displayPropertyId = Transformations.map(selectedProperty) {
15           application.applicationContext.getString(R.string.display_id, it.id)
16       }
17       val displayPropertyName = Transformations.map(selectedProperty) {
18           application.applicationContext.getString(R.string.display_name, it.name)
19       }
20       val displayPropertyFeature = Transformations.map(selectedProperty) {
21           application.applicationContext.getString(R.string.display_feature, it.feature)
22       }
23       val displayPropertyRegular = Transformations.map(selectedProperty) {
24           application.applicationContext.getString(R.string.display_regular, it.regular)
25       }
26       val displayPropertyCure = Transformations.map(selectedProperty) {
27           application.applicationContext.getString(R.string.display_cure, it.cure)
28       }
29
30   }
```

程序段 P6.21 完成 DetailViewModelFactory 模块的定义。

```
P6.21  # 定义 DetailViewModelFactory 模块
01   package cn.edu.ldu.appletree.detail
02   import android.app.Application
03   import androidx.lifecycle.ViewModel
04   import androidx.lifecycle.ViewModelProvider
05   import cn.edu.ldu.appletree.network.AppleProperty
06   class DetailViewModelFactory(private val appleProperty: AppleProperty,
07                                private val application: Application
08   ) : ViewModelProvider.Factory{
09       override fun <T : ViewModel?> create(modelClass: Class<T>): T {
10           if (modelClass.isAssignableFrom(DetailViewModel::class.java)) {
11               return DetailViewModel(appleProperty, application) as T
12           }
13           throw IllegalArgumentException("Unknown ViewModel class")
```

```
14        }
15    }
```

程序段 P6.22 完成 DetailFragment 模块的定义。

```
P6.22  # 定义 DetailFragment 模块
01  package cn.edu.ldu.appletree.detail
02  import android.os.Bundle
03  import androidx.fragment.app.Fragment
04  import android.view.LayoutInflater
05  import android.view.View
06  import android.view.ViewGroup
07  import androidx.lifecycle.ViewModelProvider
08  import cn.edu.ldu.appletree.databinding.FragmentDetailBinding
09  class DetailFragment : Fragment() {
10      override fun onCreateView(
11          inflater: LayoutInflater, container: ViewGroup?,
12          savedInstanceState: Bundle?
13      ): View? {
14          val application = requireNotNull(activity).application
15          val binding = FragmentDetailBinding.inflate(inflater)
16          binding.lifecycleOwner = this
17          val appleProperty = DetailFragmentArgs.
18              fromBundle(requireArguments()).selectedProperty
19          val viewModelFactory = DetailViewModelFactory(appleProperty, application)
20          binding.viewModel = ViewModelProvider(
21                  this, viewModelFactory).get(DetailViewModel::class.java)
22          return binding.root
23      }
24  }
```

分别在模拟器与真机上运行测试程序，单击任意一幅缩略图，详情页面显示的内容如图 6.22 所示。滚动页面，可以查看苹果树病虫害图片、ID 编号、名称、特征、发病规律与防治方法。

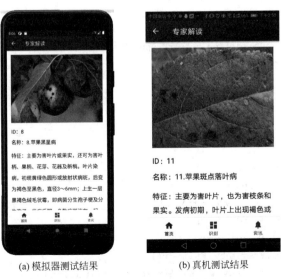

(a) 模拟器测试结果　　　　(b) 真机测试结果

图 6.22　详情页面测试结果

## 6.17 识别模块设计

识别模块包含照相机即时拍照识别与从图库选择图片识别两种工作模式，前者需要用户动态授权相机使用权限，后者需要用户动态授权外部存储访问权限。

程序段 P6.23 完成识别模块 RecognitionFragment 的逻辑设计。

**P6.23　# 定义 RecognitionFragment 模块**

```
01  package cn.edu.ldu.appletree.recognition
02  import android.Manifest
03  import android.app.Activity
04  import android.content.Intent
05  import android.content.pm.PackageManager
06  import android.graphics.Bitmap
07  import android.graphics.BitmapFactory
08  import android.graphics.ImageDecoder
09  import android.graphics.Matrix
10  import android.media.Image
11  import android.os.Build
12  import android.os.Bundle
13  import android.provider.MediaStore
14  import android.util.Base64
15  import android.util.Log
16  import android.view.LayoutInflater
17  import android.view.View
18  import android.view.ViewGroup
19  import androidx.core.app.ActivityCompat
20  import androidx.core.content.ContextCompat
21  import androidx.fragment.app.Fragment
22  import cn.edu.ldu.appletree.databinding.FragmentRecognitionBinding
23  import cn.edu.ldu.appletree.network.AppleApi
24  import cn.edu.ldu.appletree.network.AppleResult
25  import com.google.gson.Gson
26  import okhttp3.MediaType
27  import okhttp3.RequestBody
28  import okhttp3.ResponseBody
29  import org.json.JSONObject
30  import retrofit2.Call
31  import retrofit2.Callback
32  import retrofit2.Response
33  import java.io.ByteArrayOutputStream
34  import java.math.RoundingMode
35  import java.text.DecimalFormat
36  class RecognitionFragment : Fragment() {
37      private lateinit var binding: FragmentRecognitionBinding
38      // 常量定义
```

```kotlin
39      companion object {
40          private const val TAG = "AppleTree"
41          private const val REQUEST_CODE_PERMISSIONS = 10    // 申请权限
42          private const val REQUEST_CODE_CAMERA = 20         // 标识相机权限
43          private const val REQUEST_CODE_GALLERY = 30        // 标识图库权限
44          // 需要申请的权限列表
45          private val REQUIRED_PERMISSIONS =
46  arrayOf(Manifest.permission.CAMERA, Manifest.permission.READ_EXTERNAL_STORAGE)
47      }
48      override fun onCreateView(
49          inflater: LayoutInflater, container: ViewGroup?,
50          savedInstanceState: Bundle?
51      ): View? {
52          // 呈现界面布局
53          binding = FragmentRecognitionBinding.inflate(inflater)
54          // 开启相机拍摄照片予以识别
55          binding.btnCapture.setOnClickListener {
56              // 检查权限
57              if (allPermissionsGranted()) {                 // 已经授权
58                  var cameraIntent = Intent(MediaStore.ACTION_IMAGE_CAPTURE)
59                  startActivityForResult(cameraIntent, REQUEST_CODE_CAMERA)
60              } else {                                        // 否则,询问是否授权
61                  ActivityCompat.requestPermissions(
62                      this.requireActivity(),
63                      REQUIRED_PERMISSIONS,
64                      REQUEST_CODE_PERMISSIONS
65                  )
66              }
67          }
68          // 加载图库图片予以识别
69          binding.btnLoadPicture.setOnClickListener {
70              // 检查权限
71              if (allPermissionsGranted()) {                 // 已经授权
72                  val intent = Intent(Intent.ACTION_PICK)
73                  intent.type = "image/*"
74                  startActivityForResult(intent, REQUEST_CODE_GALLERY)
75              } else {                                        // 否则,询问是否授权
76                  ActivityCompat.requestPermissions(
77                      this.requireActivity(),
78                      REQUIRED_PERMISSIONS,
79                      REQUEST_CODE_PERMISSIONS
80                  )
81              }
82          }
83          return binding.root
84      }
85      // 回调函数,反馈相机拍照或图库获取的照片
```

```kotlin
86      override fun onActivityResult(requestCode: Int, resultCode: Int, data: Intent?) {
87          super.onActivityResult(requestCode, resultCode, data)
88          if (requestCode == REQUEST_CODE_CAMERA) {
89              var bitmap: Bitmap? = data?.getParcelableExtra("data")
90              if (bitmap != null) {
91                  recognition(bitmap)
92              }
93          }
94          if (resultCode == Activity.RESULT_OK &&
95  requestCode == REQUEST_CODE_GALLERY) {
96              val selectedPhotoUri = data?.data
97              val bitmap: Bitmap
98              try {
99                  selectedPhotoUri?.let {
100                     if (Build.VERSION.SDK_INT < 28) {
101                         bitmap = MediaStore.Images.Media.getBitmap(
102                             this.requireActivity().contentResolver,
103                             selectedPhotoUri
104                         )
105                     } else {
106                         val source = ImageDecoder.createSource(
107                             this.requireActivity().contentResolver,
108                             selectedPhotoUri
109                         )
110                         bitmap = ImageDecoder.decodeBitmap(source)
111                     }
112                     recognition(bitmap)
113                 }
114             } catch (e: Exception) {
115                 e.printStackTrace()
116             }
117         }
118     }
119     // 判断是否已经开启所需的全部权限
120     private fun allPermissionsGranted() = REQUIRED_PERMISSIONS.all {
121         ContextCompat.checkSelfPermission(
122             this.requireContext(), it
123         ) == PackageManager.PERMISSION_GRANTED
124     }
125     // 图像识别
126     private fun recognition(bitmap: Bitmap?) {
127         bitmap?.apply {
128             val size = Math.min(this.width, this.height)
129             val xOffset = (this.width - size) / 2
130             val yOffset = (this.height - size) / 2
131             // 根据矩形区域裁剪图像
132             cropRectangle(
```

```kotlin
133                xOffset,
134                yOffset,
135                size,
136                size
137            )?.let {
138                binding.imageView.setImageBitmap(it)
139            }
140        }
141        // 图像转换为 Base64 编码
142        val byteArrayOutputStream = ByteArrayOutputStream()
143        bitmap!!.compress(Bitmap.CompressFormat.JPEG, 60, byteArrayOutputStream)
144        val byteArray: ByteArray = byteArrayOutputStream.toByteArray()
145        val convertImage: String = Base64.encodeToString(byteArray, Base64.DEFAULT)
146        // 定义 JSON 对象,因为服务器端接收 JSON 对象
147        val imageObject = JSONObject()
148        imageObject.put(
149            "image",
150            convertImage
151        )// Base64 image
152        // 封装到 Retrofit 的 RequestBody 对象中
153        val body: RequestBody =
154            RequestBody.create(
155                MediaType.parse("application/json"),
156                imageObject.toString()
157            )
158        // 调用 Retorfit 服务中定义的方法
159        AppleApi.retrofitService.getPredictResult(body).enqueue(object :
160            Callback<ResponseBody> {
161            override fun onResponse(
162                call: Call<ResponseBody>,
163                response: Response<ResponseBody>
164            ) {
165                // 获取服务器响应的数据
166                val json: String = response.body()!!.string()
167                // 解析为 AppleResult.resultInfo 对象
168                var gson = Gson()
169                var result = gson.fromJson(
170                    json,
171                    AppleResult.resultInfo::class.java
172                )
173                // 保留 6 位小数
174                val dec = DecimalFormat("#.######")
175                dec.roundingMode = RoundingMode.CEILING
176                // 更新控件显示
177                binding.txtHealthy.text = "健康: " + dec.format(result.prediction.healthy)
178                binding.txtMultiple.text = "多病症: " +
179                        dec.format(result.prediction.multiple_diseases)
180                binding.txtRust.text = "锈病: " + dec.format(result.prediction.rust)
```

```kotlin
181                    binding.txtScab.text = "黑星病: " + dec.format(result.prediction.scab)
182                }
183                override fun onFailure(call: Call<ResponseBody>, t: Throwable) {
184                    Log.d(TAG, "服务器返回失败信息:" + t.message)
185                }
186            })
187        }
188        // 将拍摄的图像转换为位图
189        private fun Image.toBitmap(rotationDegrees: Int): Bitmap {
190            val buffer = planes[0].buffer
191            val bytes = ByteArray(buffer.remaining())
192            buffer.get(bytes)
193            val bitmap = BitmapFactory.decodeByteArray(bytes, 0, bytes.size, null)
194            val matrix = Matrix()
195            matrix.postRotate(rotationDegrees.toFloat())
196            return Bitmap.createBitmap(bitmap, 0, 0, bitmap.width, bitmap.height, matrix, true)
197        }
198        // 裁剪图像
199        fun Bitmap.cropRectangle(
200            xOffset: Int = 0,
201            yOffset: Int = 0,
202            newWidth: Int = this.width,
203            newHeight: Int = this.height
204        ): Bitmap? {
205            return try {
206                Bitmap.createBitmap(
207                    this,                                  // source bitmap
208                    xOffset,                               // x 方向裁剪起点
209                    yOffset,                               // y 方向裁剪起点
210                    newWidth,                              // 新图像宽度,单位像素
211                    newHeight                              // 新图像高度,单位像素
212                )
213            } catch (e: IllegalArgumentException) {
214                null
215            }
216        }
217    }
```

分别在模拟器与真机上运行测试项目的识别模块。如果是初次运行,需要用户分别授权相机和外部存储的访问权限。用户授权过程如图 6.23 所示。

(a) 相机授权　　　　　　　　(b) 存储授权

图 6.23　用户授权过程

图库测试结果如图 6.24 所示。

(a) 模拟器测试结果

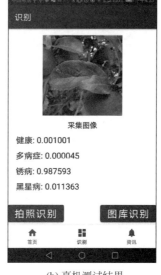
(b) 真机测试结果

图 6.24　图库图片识别测试

相机拍照测试结果如图 6.25 所示。

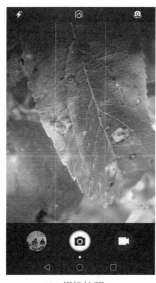
(a) 相机拍照

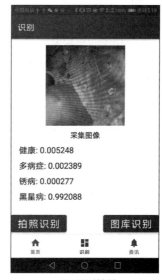
(b) 识别结果

图 6.25　相机拍照识别测试

## 6.18　小结

本章将第 5 章完成的智能 Web 服务部署于腾讯云服务器，客户端基于 Android 平台，既可以在线浏览 Web 数据库信息，也可以拍照上传或者从图库选择照片上传并接收服务器的预测识别结果,实现了智能 Android App 的设计。服务器端采用 Flask+Python 编程,客户端采用 Kotlin 编程,网络通信采用 Retrofit 框架,数据对象采用 JSON 格式解析,图片下载采用 Glide 框架。

## 6.19 习题

**一、简答题**

1. 描述用 Android Studio 创建 Android 项目的基本步骤。
2. Activity 类与 Fragment 类有何不同?
3. 项目清单文件 AndroidManifest.xml 的作用是什么? 描述其基本结构。
4. 项目的构建部署文件 build.gradle 的作用是什么?
5. 比较项目与模块两个层级的 build.gradle 文件的不同之处。
6. 资源目录 res 包括哪些子目录? 有何作用?
7. 窗体类 Activity 的生命周期包括哪几个阶段?
8. 窗体类 Fragment 的生命周期包括哪几个阶段?
9. 描述导航文件的作用及其结构特点。
10. 描述菜单文件的作用及其结构特点。
11. 全局性常量与变量可以定义在字符串文件 strings 中,描述该文件的基本结构。
12. 对于 res 下面的 drawable 子目录包含的文件,有何要求?
13. 本章的案例项目在清单文件中开放了哪四项操作权限?
14. 描述 build.gradle 文件中关于项目的依赖的三段式语法结构。
15. Retrofit 框架提供了哪些网络服务支持?
16. 绘图说明 ViewModel 组件的生命周期。
17. 用 ViewModel 组件管理界面视图数据有哪些优点?
18. 使用 Glide 框架下载图像,有哪些优点?
19. 使用 RecyclerView 组件构建列表视图的优点是什么?
20. 使用 Kotlin 编程的优点有哪些?

**二、编程题**

本章的 Android 客户端基于 Retrofit 框架和 Glide 框架与远程 Web API 服务做数据交换。重新定义服务器与客户机两端的设计,用第 1 章案例中采用的 Socket 的通信方法完成本章案例设计。

# 第 7 章　智能桌面 App

本书第 1 章实现了基于 Socket 技术的客户机/服务器通信程序，本章在此基础上，实现桌面版的病虫害识别 App。服务器端的智能预测模型仍然采用第 4 章完成的 DenseNet121。为了体现通信设计的多样性，服务器没有采用智能 Web App 和智能 Android App 的 Web API 架构，而是根据问题需要重新自定义应用层通信逻辑，客户机向服务器发送图像数据，服务器回送预测结果。为了增强客户机的可操作性，客户机采用 PyQt5 完成图形化界面设计。

## 7.1　客户机/服务器通信逻辑

图 1.26 描述基于 Socket 技术的基本通信逻辑，1.15 节给出服务器程序的一般结构，1.16 节给出客户机程序的一般结构，本章案例在此基础上结合通信需求做扩展设计，修改后的客户机与服务器通信逻辑框架如图 7.1 所示。

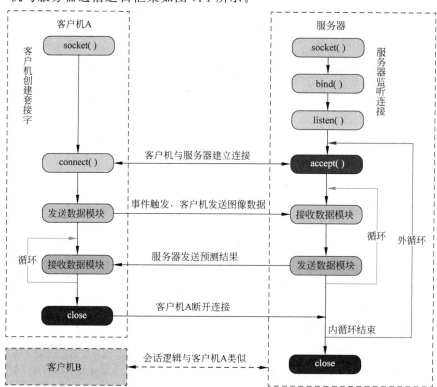

图 7.1　智能桌面 App 的客户机/服务器通信逻辑

与第1章的服务器程序相比，本章服务器做的更新设计有：

（1）服务器需要接收来自客户机的图像数据等多种不同类型的消息。图像数据需要用循环分包多次接收。

（2）调用模型预测结果。预测结果以JSON格式回送客户机。

（3）由于服务器的工作逻辑为"请求—响应"模式，故将收发数据封装到同一个线程函数中。

与第1章的客户机程序相比，本章客户机做的更新设计有：

（1）用"发送数据模块"封装客户机的数据发送逻辑。

（2）用"接收数据模块"封装客户机的数据接收逻辑。接收数据模块定义为线程。

（3）客户机发送数据的逻辑不再内置于循环中，而是由用户的单击事件触发。

视频讲解

## 7.2 数据交换协议

本章案例设计脱离了第5、6章的Web API结构，不再采用成熟的HTTP通信，而是根据问题需求，基于Socket技术自定义应用层的通信规则。为简化描述，将客户机与服务器之间一次信息往返的协议会话过程，定义为如图7.2所示的逻辑时序。

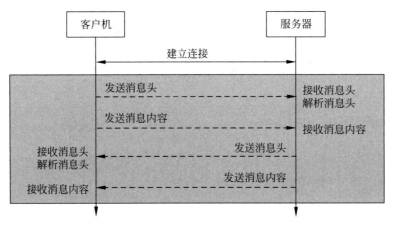

图7.2 协议会话过程的逻辑时序

协议会话逻辑解析：

（1）消息交换基于消息头机制。消息头中包含消息类型和消息长度。消息类型包含图像消息与下线消息。

（2）用JSON格式的数据表示消息头。图像数据用Base64编码与解码。

（3）发送数据分两个步骤完成，首先发送消息头，然后发送消息内容。

（4）接收数据分两个步骤完成，首先接收消息头，然后接收消息内容。

消息头的结构如图7.3所示，消息头的固定长度为128B，包含消息类型（msg_type）

图7.3 消息头的结构

与消息内容长度(msg_len)两个字段。

消息类型包括：

(1) CLIENT_IMAGE：表示收到来自客户机的图像数据。

(2) CLIENT_MESSAGE：表示收到来自客户机的下线消息。

消息内容长度用消息包含的字符数表示。对于图像数据而言，因为采用 Base64 编码，其传输的数据也是字符消息。

消息头的长度在服务器与客户机两端均约定为 128B，用常量 MSG_HEADER_LEN 定义。发送消息头之前，需要检查消息的长度，如果不足 128B，其左侧用字节型空格字符填充。

## 7.3 服务器主体逻辑

视频讲解

在 NetworkProgram 项目下新建文件夹 chapter7，在 chapter7 下新建子目录 models。将第 4 章完成的 DenseNet121 模型复制到子目录 models。

在 chapter7 目录下新建主程序 MyServer.py。根据图 7.1 描述的服务器逻辑，完成服务器的主体逻辑设计，如程序段 P7.1 所示。

```
P7.1    # 定义 MyServer.py 主体逻辑
01  import base64                                      # 解码图像数据
02  import json                                        # 消息头用 JSON 格式
03  import cv2
04  import time
05  import pickle                                      # 对象序列化与反序列化
06  import socket
07  import threading
08  import numpy as np
09  from tensorflow.keras.models import load_model      # 加载模型
10  MSG_HEADER_LEN = 128                               # 用 128B 定义消息头的长度
11  DISCONNECTED = '!CONNECTION CLOSED'                # 客户机下线消息
12  connections = 0                                    # 在线连接数量
13  # 启动服务器
14  server_ip = socket.gethostbyname(socket.gethostname())  # 获取本机 IP
15  server_port = 5050
16  server_addr = (server_ip, server_port)
17  # 创建 TCP 通信套接字
18  server_socket = socket.socket(socket.AF_INET, socket.SOCK_STREAM)
19  server_socket.bind(server_addr)                    # 绑定到工作地址
20  server_socket.listen()                             # 开始侦听
21  print(f'服务器开始在{server_addr}侦听...')
22  def handle_client(client_socket, client_addr, model):
23      """
24      功能：与客户机会话线程
25      :param client_socket: 会话套接字
26      :param client_addr: 客户机地址
27      :param model: 用于预测的智能模型
28      """
```

```
29        pass
30  model_path = './models/densenet121.h5'
31  model = load_model(model_path)                    # 加载模型
32  while True:
33      new_socket, new_addr = server_socket.accept()  # 处理连接
34      # 建立与客户机会话的线程,一客户一线程
35      client_thread = threading.Thread(target = handle_client,
36                                       args = (new_socket, new_addr, model))
37      client_thread.start()
38      connections += 1
39      print(f'\n服务器端当前活动连接数量是:{connections}')
```

第32～39行定义服务器端的主循环,处理客户机连接,采用的是一客户一线程模式。服务器会话线程定义为 handle_client 模块,主线程向会话线程传递如下三个参数。

(1) client_socket:会话套接字。

(2) client_addr:客户机地址。

(3) model:用于预测的智能模型。

运行服务器程序,观察输出结果,此时服务器虽然处于侦听连接的状态,但是由于 handle_client 模块还没有实现,故无法处理来自客户机的各种消息。

视频讲解

## 7.4 服务器会话线程

服务器会话线程包括接收数据与发送数据两个模块,对应图 7.1 中的内循环。从本章项目需求看,服务器完成数据接收后,需要回送预测结果或者确认消息给客户机,所以将接收数据与发送数据的逻辑定义在同一函数模块 handle_client 中,收发数据的逻辑流程如图 7.4 所示。

会话线程的主逻辑是一个循环,循环条件为远程客户机是否结束会话,逻辑流程解析如下:

(1) 如果客户机断开了与服务器的连接,会话线程结束。

(2) 在连接正常的情况下,服务器首先接收来自客户机的消息头,解析消息头,根据消息类型,分为一般消息与图像消息。

(3) 如果是图像消息,则通过一个循环,根据图像的大小完成数据接收,然后经过 Base64 解码、图像变换(调整颜色模式、归一化、缩放)、模型预测、重构预测结果、定义消息头、回送消息头、回送预测结果。回到步骤(1)。

(4) 如果是一般消息,则继续判断是否为下线消息。

(5) 如果是下线消息,则更新连接数量,定义下线消息(原消息加上时间戳),定义消息头、回送消息头、回送消息内容,会话线程结束。

(6) 如果不是下线消息,则做其他消息处理。为简化设计,其他消息处理模块暂不编程,留作扩展。回到步骤(1)。

会话线程 handle_client 的逻辑实现如程序段 P7.2 所示。

**P7.2　# 会话线程 handle_client 的逻辑实现**

```
01  def handle_client(client_socket, client_addr, model):
```

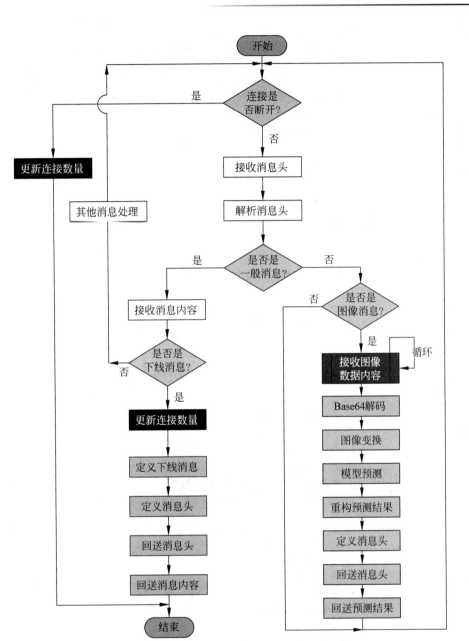

图 7.4 服务器收发数据会话线程逻辑流程

```
02      """
03      功能：与客户机会话线程
04      :param client_socket:会话套接字
05      :param client_addr:客户机地址
06      :param model:用于预测的智能模型
07      """
08      print(f'新连接建立,远程客户机地址是:{client_addr}')
09      connected = True
10      while connected:
11          try:
```

```python
12              # 接收消息头部
13              msg_header = client_socket.recv(MSG_HEADER_LEN).decode('utf-8')
14              # 解析头部
15              header = json.loads(msg_header)
16              msg_type = header['msg_type']                      # 消息类型
17              msg_len = header['msg_len']                        # 消息长度
18          except ConnectionResetError:
19              global connections
20              connections -= 1
21              print(f'远程客户机{client_addr}关闭了连接,活动连接数量是:{connections}')
22              break
23          if msg_type == 'CLIENT_MESSAGE':                       # 收到客户机消息
24              msg = client_socket.recv(msg_len).decode('utf-8')  # 接收消息内容
25              if msg == DISCONNECTED:                            # 收到客户机下线的消息
26                  connected = False
27                  print(f'客户机:{client_addr}断开了连接!')
28                  connections -= 1
29                  print(f'服务器当前活动连接数量是:{connections}')
30                  print(f'来自客户机{client_addr}的消息是:{msg}')
31                  # 回送消息
32                  echo_message = f'服务器{client_socket.getsockname()}收到消息:
33  {msg},时间:{time.strftime("%Y-%m-%d %H:%M:%S",
34                  time.localtime())}'
35                  size = len(echo_message)
36                  header = {"msg_type": "SERVER_ECHO_MESSAGE",
37                          "msg_len": size}
38                  header_byte = bytes(json.dumps(header), encoding='utf-8')
39                  header_byte += b' ' * (MSG_HEADER_LEN - len(header_byte))
40                  client_socket.sendall(header_byte)             # 发送下线消息头
41                  client_socket.sendall(echo_message.encode('utf-8'))  # 下线消息内容
42              else:
43                  pass    # 其他消息处理,此处留作扩展
44          elif msg_type == 'CLIENT_IMAGE':                       # 收到客户机发来的图像
45              data = bytearray()
46              while len(data) < msg_len:                         # 接收图像数据
47                  bytes_read = client_socket.recv(msg_len - len(data))
48                  if not bytes_read:
49                      break
50                  data.extend(bytes_read)
51              msg = base64.b64decode(data)                       # 解码
52              # 图像转换
53              image = cv2.imdecode(np.frombuffer(msg, np.uint8),
54                      cv2.IMREAD_COLOR)
55              image = cv2.cvtColor(image, cv2.COLOR_BGR2RGB)
56              image = cv2.resize(image / 255.0, (512, 512)).reshape(-1, 512, 512, 3)
57              result = model.predict(image)[0].tolist()          # 预测
58              # 回送预测结果
59              result = {
60                  'Healthy': result[0],
61                  'Multiple_diseases': result[1],
62                  'Rust': result[2],
```

```
63                    'Scab': result[3]
64                }
65            result = pickle.dumps(result)                  # 对象序列化
66            size = len(result)
67            header = {"msg_type": "SERVER_PREDICT_RESULT", "msg_len": size}
68            header_byte = bytes(json.dumps(header), encoding = 'utf-8')
69            header_byte += b' ' * (MSG_HEADER_LEN - len(header_byte))
70            client_socket.sendall(header_byte)             # 发送消息头
71            client_socket.sendall(result)                  # 发送消息内容
72        client_socket.close()                              # 关闭会话连接
```

第 45～50 行定义的循环结构,根据图像数据的长度 msg_len 完成数据接收工作。

运行服务器程序,输出结果为:

服务器开始在('192.168.0.102', 5050)侦听…

待客户机程序完成后,再做联合测试。

## 7.5 客户机主体逻辑

视频讲解

在 chapter7 目录下新建主程序 MyClient.py。根据图 7.1 描述的客户机逻辑,完成客户机的主体逻辑设计,其主要模块如图 7.5 所示。

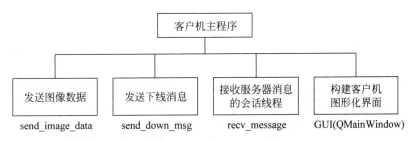

图 7.5 客户机程序的主要模块

模块 send_image_data 发送图像数据,模块 send_down_msg 发送下线消息,模块 recv_message 用于接收服务器消息,类模块 GUI(QMainWindow)负责构建客户机图形化界面。主程序完成主控逻辑设计。

客户机的消息头结构如图 7.3 所示,与服务器保持一致。消息的收发逻辑如图 7.2 所示,也与服务器保持一致。

客户机主体逻辑如程序段 P7.3 所示。

```
P7.3  # 定义 MyClient.py 主体逻辑
01  import socket
02  import threading
03  from queue import Queue                      # 队列
04  MSG_HEADER_LEN = 128                         # 用 128B 定义消息头的长度
05  DISCONNECTED = '!CONNECTION CLOSED'          # 下线消息
06  result_q = Queue()                           # 存放预测结果的队列
07  # 定义连接的服务器地址
08  remote_ip = socket.gethostbyname(socket.gethostname())
```

```
09    remote_port = 5050
10    remote_addr = (remote_ip, remote_port)
11    # 创建TCP通信套接字
12    client_socket = socket.socket(socket.AF_INET, socket.SOCK_STREAM)
13    client_socket.connect(remote_addr)    # 连接服务器
14    # 接收消息线程
15    def recv_message(client_socket, result_q):
16        '''
17        功能:接收消息的线程函数
18        :param client_socket: 会话套接字
19        :param result_q: 存放预测结果的队列
20        :return: 无
21        '''
22        pass
23    # 发送客户端下线消息
24    def send_down_msg():
25        pass
26    # 发送图像
27    def send_image_data(file_path):
28        '''
29        功能:发送图像数据
30        :param file_path: 图像文件路径
31        :return: 无
32        '''
33        pass
34    # 图形化界面
35    class GUI(QMainWindow):
36        pass
37    if __name__ == '__main__':
38        # 创建接收服务器返回消息的线程
39        recv_thread = threading.Thread(target = recv_message,
40                                        args = (client_socket, result_q))
41        recv_thread.start()
42        while True:
43            inputStr = input('请输入待发送图片的文件名(Q:结束会话):')
44            if inputStr.lower() == 'q':
45                break
46            # 发送图像
47            send_image_data(inputStr)
48        # 发送客户端下线消息
49        send_down_msg()
```

首先运行服务器程序,然后运行测试客户机程序。目前客户机还做不了具体工作,输入字符Q退出客户机主循环。

视频讲解

## 7.6 客户机发送数据

客户机向服务器发送的数据有两种类型:一种是图像数据;另一种是下线消息。发送图像数据的流程如图7.6所示。

图 7.6 发送图像数据的流程

程序段 P7.4 描述了发送图像数据模块 send_image_data 的完整逻辑。

**P7.4　# 发送图像数据模块 send_image_data**
```
01  def send_image_data(file_path):
02      '''
03      功能:发送图像数据
04      :param file_path:图像文件路径
05      :return: 无
06      '''
07      try:
08          # 读取图像文件
09          f = open(file_path, 'rb')
10          img_data = f.read()
11          img_data = base64.b64encode(img_data)
12          f.close()
13          # 定义消息头
14          size = len(img_data)
15          header = {"msg_type": "CLIENT_IMAGE", "msg_len": size}
16          header_byte = bytes(json.dumps(header), encoding = 'utf-8')
17          header_byte += b' ' * (MSG_HEADER_LEN - len(header_byte))
18          client_socket.sendall(header_byte)        # 发送消息头
19          client_socket.sendall(img_data)           # 发送消息内容
20      except FileNotFoundError as e:
21          print(f"未找到文件:{e}")
```

模块 send_down_msg 定义了发送下线消息逻辑,如程序段 P7.5 所示。

**P7.5　# 发送下线消息 send_down_msg**
```
01  def send_down_msg():
02      message = DISCONNECTED
03      size = len(message)                                          # 消息长度
04      header = {"msg_type": "CLIENT_MESSAGE", "msg_len": size}     # 消息头
05      header_byte = bytes(json.dumps(header), encoding = 'utf-8')  # 消息头编码
06      header_byte += b' ' * (MSG_HEADER_LEN - len(header_byte))    # 消息头补空格
07      client_socket.sendall(header_byte)                           # 发送消息头
08      client_socket.sendall(message.encode('utf-8'))               # 发送消息内容
```

## 7.7　客户机接收数据

客户机定义了线程函数 recv_message(),用于接收两类数据:一是普通消息(下线消息等);二是预测消息(预测结果)。消息处理流程如图 7.7 所示,分步描述如下。

(1) 进入消息循环,接收消息头。
(2) 如果消息头为空,则转到步骤(1)。
(3) 如果消息头非空,则解析消息头,获取消息类型与消息长度。
(4) 如果是普通消息,则接收消息内容,进一步判断是否为下线消息。
(5) 如果是下线消息,则跳出消息循环,转到步骤(9)。
(6) 如果是非下线消息,则转到步骤(1)。
(7) 如果不是普通消息,则判断是否为预测消息,如果不是预测消息,则转到步骤(1)。
(8) 如果是预测消息,则接收消息内容,解析消息内容,将预测结果存入队列中,显示预测结果。转到步骤(1)。
(9) 显示下线消息,消息接收线程结束。

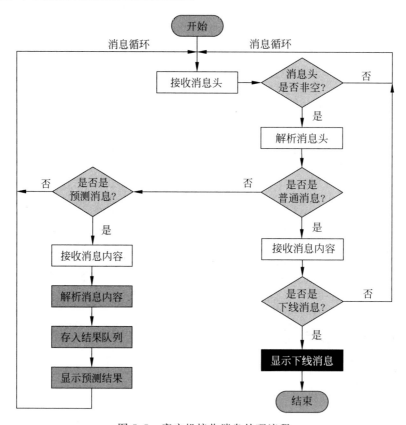

图 7.7 客户机接收消息处理流程

程序段 P7.6 描述了接收消息线程函数 recv_message() 的完整逻辑。

**P7.6 # 接收消息线程函数 recv_message()**
```
01  def recv_message(client_socket, result_q):
02      '''
03      功能：接收消息的线程函数
04      :param client_socket: 会话套接字
05      :param result_q: 存放预测结果的队列
06      :return: 无
07      '''
```

```
08      while True:
09          msg_header = client_socket.recv(MSG_HEADER_LEN)    # 接收消息头部
10          if msg_header:                                      # 消息头非空
11              header = json.loads(msg_header.decode('utf-8')) # 还原消息头
12              msg_type = header['msg_type']                   # 消息类型
13              msg_len = header['msg_len']                     # 消息长度
14              if msg_type == "SERVER_ECHO_MESSAGE":            # 服务器普通回送消息
15                  # 接收消息内容
16                  echo_message = client_socket.recv(msg_len)
17                              .decode('utf-8')
18                  print(echo_message)
19                  if echo_message == DISCONNECTED:            # 服务器回送下线消息
20                      break
21              elif msg_type == "SERVER_PREDICT_RESULT":       # 服务器的预测结果
22                  result = client_socket.recv(msg_len)         # 接收消息内容
23                  result = pickle.loads(result)                # 反序列化,还原对象
24                  result_q.put(result)                         # 用队列保存结果
25                  print(f'\n预测结果:{result}')
26      print("连接已断开.")
27      client_socket.close()
```

将 chapter4\\dataset\\images 目录下的图像文件 Test_0.jpg、Test_1.jpg 复制到 chapter7 的根目录下。

运行服务器程序,然后运行客户机程序,做联合测试。

在客户机中输入待遇测的图像文件名称 Test_0.jpg,按 Enter 键后发送图像数据,服务器返回预测结果。在客户机中输入字符 Q,结束客户机。完成此次客户机与服务器的通信后,服务器与客户机的状态信息如图 7.8 所示。

图 7.8 客户机与服务器联合测试

此时服务器工作于一客户一线程模式,启动多个客户端,可做联合测试。

## 7.8 客户机界面设计

为了增强客户机的可操作性,基于 PyQt5 框架为客户机设计图形化界面,界面布局及其控件名称如图 7.9 所示。

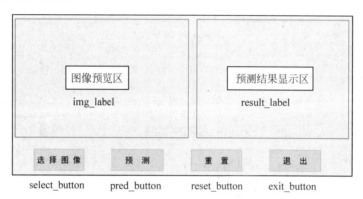

图 7.9 客户机图形化界面布局及其控件名称

定义图形化界面类 GUI(QMainWindow)封装图 7.9 所示的控件及其事件函数,如程序段 P7.7 所示。

```
P7.7    # 定义图形化界面类 GUI(QMainWindow)
01   class GUI(QMainWindow):
02       initMode = "Unselected"
03       image_path = ''
04       def __init__(self):                              # 类初始化函数
05           super().__init__()
06           self.icon = QIcon("icon.ico")
07           self.select_button = QPushButton("选 择 图 像", self)
08           self.pred_button = QPushButton("预 测", self)
09           self.reset_button = QPushButton("重 置", self)
10           self.exit_button = QPushButton("退 出", self)
11           self.result_label = QLabel(self)
12           self.img_label = QLabel(self)
13           self.initUI()
14       def set_button_mode(self, mode):                 # 按钮状态设定
15           if mode:
16               self.select_button.setEnabled(True)
17               self.pred_button.setEnabled(True)
18               self.reset_button.setEnabled(True)
19               self.exit_button.setEnabled(True)
20           else:
21               self.select_button.setEnabled(False)
22               self.pred_button.setEnabled(False)
23               self.reset_button.setEnabled(False)
24               self.exit_button.setEnabled(False)
25       def exit_all(self):                              # 关闭客户机
```

```
26              self.set_button_mode(False)
27              send_down_msg()                                  # 发送下线消息
28              QCoreApplication.exit(0)
29      def reset(self):                                         # "重置"按钮
30          self.img_label.clear()
31          self.result_label.clear()
32          self.image_path = self.initMode
33      def openFile(self):                                      # 选择图像文件事件函数
34          self.reset()
35          self.image_path = QFileDialog\
36              .getOpenFileName(self, "getOpenFileName", "./",
37                  "Image Files(*.png, *.jpg)")[0]
38          pix = QPixmap(self.image_path)                       # 绘图
39          self.img_label.setPixmap(pix)
40      def predict(self):                                       # "预测"按钮事件函数
41          self.set_button_mode(False)
42          if self.image_path == self.initMode:
43              QMessageBox.warning(self, "警告", "请先选择图像文件",
44                                  QMessageBox.Ok)
45          else:
46              send_image_data(self.image_path)                 # 发送图像数据
47              # 定义不同标签的绘图颜色
48              colors = {"Healthy": px.colors.qualitative.Plotly[0],
49                        "Scab": px.colors.qualitative.Plotly[0],
50                        "Rust": px.colors.qualitative.Plotly[0],
51                        "Multiple_diseases": px.colors.qualitative.Plotly[0]}
52              result = result_q.get()                          # 取出预测结果
53              max_key = max(result, key=result.get)            # 最大值对应的标签
54              print(result.values)
55              # 最大值标签的绘图颜色
56              colors[max_key] = px.colors.qualitative.Plotly[1]
57              colors["Healthy"] = "seagreen"                   # 健康叶片绘图颜色
58              colors = [colors[val] for val in colors.keys()]  # 提取标签的绘图颜色
59              # 绘制预测结果的柱状图
60              figure(figsize=(5, 4))
61              plt.rcParams['font.size'] = '20'
62              x = [result[val] for val in result.keys()]
63              barh(range(len(x)), x, color=colors,
64                   tick_label=["Healthy", "Multiple\ndiseases", "Rust", "Scab"])
65              draw()
66              # 显示图片
67              buf = io.BytesIO()
68              savefig(buf, format='png', bbox_inches='tight')
69              buf.seek(0)
70              pix = QPixmap()
71              pix.loadFromData(buf.read(), format="png")
72              self.result_label.setPixmap(pix)
73              self.set_button_mode(True)
74      def initUI(self):                                        # 初始化界面
75          self.setWindowIcon(self.icon)
76          self.image_path = self.initMode
```

```
77          # 图片预览
78          self.img_label.setGeometry(30, 50, 640, 430)
79          self.img_label.setStyleSheet("border: 1px solid black")
80          self.img_label.setScaledContents(True)
81          # 显示预测结果
82          self.result_label.setGeometry(700, 50, 560, 430)
83          self.result_label.setStyleSheet("border: 1px solid black")
84          self.result_label.setScaledContents(True)
85          # "选择图像"按钮
86          self.select_button.resize(190, 80)
87          self.select_button.move(100, 520)
88          self.select_button.setFont(QFont('黑体', 22))
89          self.select_button.clicked.connect(self.openFile)
90          # "预测"按钮
91          self.pred_button.resize(190, 80)
92          self.pred_button.move(390, 520)
93          self.pred_button.setFont(QFont('黑体', 22))
94          self.pred_button.clicked.connect(self.predict)
95          # "重置"按钮
96          self.reset_button.resize(190, 80)
97          self.reset_button.move(680, 520)
98          self.reset_button.setFont(QFont('黑体', 22))
99          self.reset_button.clicked.connect(self.reset)
100         # "退出"按钮
101         self.exit_button.resize(190, 80)
102         self.exit_button.move(970, 520)
103         self.exit_button.setFont(QFont('黑体', 22))
104         self.exit_button.clicked.connect(self.exit_all)
105         self.resize(1300, 640)
106         self.setWindowTitle('苹果树病虫害预测')
107         self.show()
```

重新定义客户机主线程逻辑,用图形化界面替代原有的控制台字符界面,如程序段 P7.8 所示。

```
P7.8  # 客户机主程序
01  if __name__ == '__main__':
02      QApplication.processEvents()                    # 实时刷新界面
03      app = QApplication(sys.argv)                    # 创建应用程序对象
04      ex = GUI()                                      # 图像化界面对象
05      try:
06          client_socket.connect(remote_addr)          # 连接服务器
07          print(f'客户机工作地址:{client_socket.getsockname()}')
08      except ConnectionRefusedError:
09          msg_box = QMessageBox()
10          msg_box.setStandardButtons(QMessageBox.Ok)
11          msg_box.button(QMessageBox.Ok).setText("确认")
12          msg_box.warning(msg_box, "警告", "无法连接服务器,请检查服务器状态",
13                          QMessageBox.Ok)
14          sys.exit(-1)
15      else:
```

```
16                # 创建接收服务器回送消息的线程
17                recv_thread = threading.Thread(target = recv_message,
18                                               args = (client_socket, result_q))
19                recv_thread.setDaemon(True)          # 守护线程
20                recv_thread.start()
21                sys.exit(app.exec_())                # 运行程序主循环
```

运行服务器,然后运行客户机,从 chapter7 的根目录中加载图像 Test_0.jpg,观察图像特点。然后单击"预测"按钮,观察服务器反馈的"预测"结果,如图 7.10 所示。

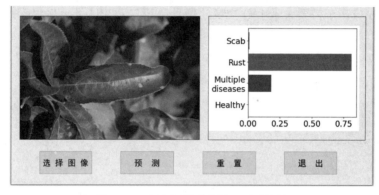

图 7.10  客户机图形化界面测试结果

## 7.9 线程池

视频讲解

服务器现有的工作模式为一客户一线程,即为每一个连接到服务器的客户机创建独立的会话线程,当客户机并发量较大时,服务器往往面临资源枯竭的挑战。

线程池模式可以有效平衡服务器负载能力,与一客户一线程模式相比,其主要优点有:

(1) 通过重用已存在的线程,降低线程创建和销毁造成的额外消耗。

(2) 提高系统响应速度,当有新任务到达时,通过复用已存在的线程便能立即执行,无须等待新线程的创建。

(3) 控制资源消耗,将并发线程数量限制在合理的区间。

(4) 针对工作线程提供了更多的控制能力,例如线程延时、定时等。

Python 的线程池定义在 concurrent.futures 包中,使用 ThreadPoolExecutor 类创建线程池。线程池调度任务过程如图 7.11 所示。

图 7.11  线程池调度任务过程

将一客户一线程模式修改为线程池模式,只需做以下改动:

(1) 导入线程池类 ThreadPoolExecutor。在服务器端添加语句:

```
from concurrent.futures import ThreadPoolExecutor    # 线程池类
```

(2) 在服务器主线程的 while 循环前面添加创建线程池的语句:

```
pool = ThreadPoolExecutor(max_workers = 5)    # 创建线程池,指定工作线程数量为5
```

此处如果省略参数 max_workers,则线程池默认工作线程数量是 CPU 数量的 5 倍。考虑到线程池往往应用于需要大量 I/O 交换的场景,而不是 CPU 计算密集型的场景,故工作线程的数量应该超过 CPU 的数量。

(3) 用线程池调度语句替换原有的线程创建语句。

```
# 建立与客户机会话的线程,一客户一线程
client_thread = threading.Thread(target = handle_client, args = (new_socket, new_addr, model))
client_thread.start()
```

替换为:

```
pool.submit(handle_client, new_socket, new_addr, model)    # 创建线程任务,提交到线程池
```

(4) 在主程序末尾,while 循环外部,添加关闭线程池的语句,释放资源:

```
pool.shutdown(wait = True)    # 关闭线程池
```

执行 shutdown 后,线程池将不再接受新任务。参数 wait 默认为 True,表示关闭线程池之前需要等待所有工作线程结束。

视频讲解

## 7.10 联合测试

为便于观察,将服务器线程池的工作线程数量调整为 2。启动服务器,然后启动四个客户机,标识为客户机 1、客户机 2、客户机 3、客户机 4。

四个客户机从 chapter4\dataset\images 目录中选择四幅不同的测试图片,假定客户机 1 选择的图片是 Test_17.jpg,客户机 2 选择的是 Test_152.jpg,客户机 3 选择的是 Test_190.jpg,客户机 4 选择的是 Test_1572.jpg,然后依次单击客户机 1、客户机 2、客户机 3、客户机 4 的"预测"按钮,观察预测结果。

可以看到,只有客户机 1、客户机 2 立即反馈了预测结果,而客户机 3、客户机 4 虽然已经连接到服务器,却并没有立即得到预测结果,原因是服务器线程池大小为 2,客户机 3、客户机 4 需要在任务队列中等待。

客户机 1 显示结果如图 7.12 所示。

客户机 2 显示结果图 7.13 所示。

客户机 3 显示结果如图 7.14 所示。由于服务器线程池大小为 2,因此客户机 1 与客户机 2 占用工作线程后,客户机 3 只能进入任务队列等待。

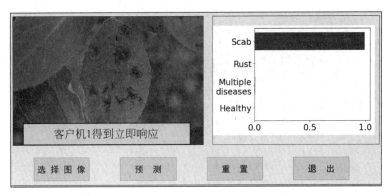

图 7.12　客户机 1 显示结果

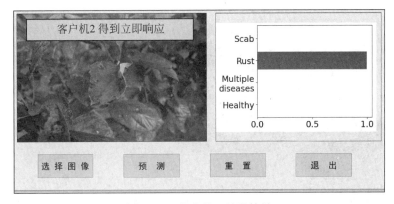

图 7.13　客户机 2 显示结果

图 7.14　客户机 3 显示结果

客户机 4 显示结果如图 7.15 所示。同样，客户机 4 也只能进入服务器的任务队列等待。

关闭客户机 1，则会自动释放客户机 1 占用的工作线程，此时排队中的客户机 3 会立即得到响应，其结果如图 7.16 所示。

此时只有客户机 4 仍处于等待中。如果继续关闭客户机 2，则客户机 4 会得到立即响应，如图 7.17 所示。

图 7.15 客户机 4 显示结果

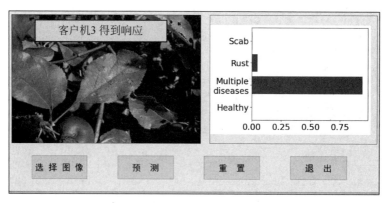

图 7.16 客户机 3 得到服务器响应

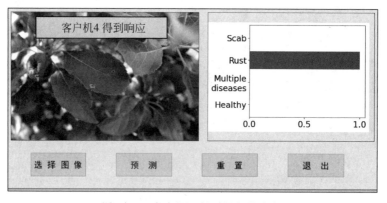

图 7.17 客户机 4 得到服务器响应

关闭客户机 3 和客户机 4。整个会话期间,服务器状态监控界面的提示信息如下:

服务器开始在('192.168.0.102', 5050)侦听...
新连接建立,远程客户机地址是:('192.168.0.102', 58975)
服务器端当前活动连接数量是:1
新连接建立,远程客户机地址是:('192.168.0.102', 59002)
服务器端当前活动连接数量是:2

服务器端当前活动连接数量是:3
服务器端当前活动连接数量是:4
客户机:('192.168.0.102', 58975)断开了连接!
服务器当前活动连接数量是:3
来自客户机('192.168.0.102', 58975)的消息是:!CONNECTION CLOSED
新连接建立,远程客户机地址是:('192.168.0.102', 59020)
客户机:('192.168.0.102', 59002)断开了连接!
服务器当前活动连接数量是:2
来自客户机('192.168.0.102', 59002)的消息是:!CONNECTION CLOSED
新连接建立,远程客户机地址是:('192.168.0.102', 59034)
客户机:('192.168.0.102', 59020)断开了连接!
服务器当前活动连接数量是:1
来自客户机('192.168.0.102', 59020)的消息是:!CONNECTION CLOSED
客户机:('192.168.0.102', 59034)断开了连接!
服务器当前活动连接数量是:0
来自客户机('192.168.0.102', 59034)的消息是:!CONNECTION CLOSED

仔细阅读服务器的状态提示信息,与客户机的操作相对照,可以更精准地把握客户机与服务器的全程会话逻辑。

## 7.11 小结

视频讲解

本章在第 1 章给出的客户机/服务器通信程序的基础上,基于 Socket 的通信方法,自定义数据交换协议,围绕苹果树病虫害识别需求,迭代构建了客户机/服务器模式的智能桌面 App。图像数据的发送采用 Base64 编码方式,消息头、消息内容采用 JSON 数据格式。服务器端采用一客户一线程和线程池技术支持并发访问,客户机采用基于 PyQt5 的图像化界面技术提高其可操作性。基于 Socket 技术的网络编程,在客户机与服务器两端提供了更多的设计灵活性。

## 7.12 习题

一、简答题

1. 采用 Socket 编写网络通信逻辑,与基于 HTTP 的 Web API 模式相比,有何不同?
2. 采用 PyQt5 做可视化界面设计,与 Tkinter 相比,有哪些特点?
3. 与第 1 章的客户机/服务器通信逻辑相比,本章案例在通信逻辑方面主要的变化有哪些?
4. 将客户机与服务器之间一次信息往返的会话过程,分为消息头与消息内容两部分处理,有何优点?
5. 绘图说明本章案例的服务器运行逻辑。
6. 绘图说明本章案例的客户机运行逻辑。
7. 为什么客户机与服务器的消息接收模块,需要定义为线程模式?
8. 一客户一线程与线程池模式相比,优点是什么?缺点是什么?

9. 结合本章案例实践,谈谈线程池任务调度的工作原理。

10. 结合编程代码,谈谈用 pickle 做对象序列化与反序列化的应用场景。

二、编程题

本章案例基于 Socket 的通信方法实现了客户机与服务器之间的自由通信。采用 HTTP 的通信方法取代 Socket 的通信方法,重新编程实现本章案例的客户机与服务器,服务器端采用第 5 章的 Web API 服务模式设计,客户机仍然采用图形化的桌面 App 模式设计。

# 第 8 章 人脸考勤 App

本章案例运用人脸检测（Face Detection）与人脸识别（Face Recognition）技术，基于 Socket 通信实现人脸考勤客户机与服务器设计。客户机终端的摄像头实时采集人像，将人脸图像发送至服务器，服务器调用人脸识别模型提取人脸特征向量，与员工数据库中的特征向量比对，将识别结果记入考勤数据表中并反馈考勤结果给客户机。

## 8.1 项目初始化

视频讲解

人脸检测和人脸识别有所不同，人脸检测是从图像中识别和定位人脸所在的位置。人脸识别则判断人脸是谁。

本章案例的人脸检测模块采用 dlib 库的检测方法定位人脸位置。人脸识别则借助卷积神经网络模型实现。

安装 dlib 之前需要首先执行 pip install cmake 命令安装 cmake 编译工具，然后执行 pip install dlib 命令安装 dlib 库。对于 Windows 系统用户而言，也可以直接下载与 Python 版本适配的 dlib 的 WHL 文件到项目所在的虚拟环境，然后用 pip install *.whl 命令进行本地安装。

摄像头的捕获与控制通过 opencv 库的函数来完成。编程环境采用 PyCharm。

在 PyCharm 中，创建项目文件夹 chapter8，在项目根目录中创建子目录 server 和 client。

按照如下步骤对服务器项目初始化。

（1）在 server 中创建子目录 models，将本章课件中提供的人脸识别预训练模型参数文件 vgg_face_weights.h5 复制到 models 目录下。

（2）右击 server 目录，在弹出的快捷菜单中选择 New→Directory 命令，创建子目录 employee，用于存放采集的员工照片。

（3）右击 server 目录，在弹出的快捷菜单中选择 New→Python File 命令，创建服务器程序 Face_Server.py。

（4）右击 server 目录，在弹出的快捷菜单中选择 New→Python File 命令，创建模型定义程序 VGG-Face.py。

（5）右击 server 目录，在弹出的快捷菜单中选择 New→Python File 命令，创建员工照片采集程序 take_photo.py。

(6) 右击 server 目录，在弹出的快捷菜单中选择 New→Python File 命令，创建考勤数据表文件 kaoqin.csv。

按照如下步骤对客户机项目初始化。

(1) 右击 client 目录，在弹出的快捷菜单中选择 New→Directory 命令，创建子目录 Trained_Models，用于存放训练过程中生成的最优模型文件。

(2) 右击 client 目录，在弹出的快捷菜单中选择 New→Directory 命令，创建子目录 dataset。在 dataset 下创建 train 和 valid，然后分别在 train 和 valid 中创建 zhou、wu、zheng、wang 四个子目录，用于存放采集的训练集图像与验证集图像。

(3) 右击 client 目录，在弹出的快捷菜单中选择 New→Python File 命令，创建客户机程序 capture_faces.py。

(4) 右击 client 目录，在弹出的快捷菜单中选择 New→Python File 命令，创建客户机程序 my_recognition.py。

(5) 右击 client 目录，在弹出的快捷菜单中选择 New→Python File 命令，创建客户机程序 Face_Client.py。

初始化后的项目结构如图 8.1 所示。

图 8.1 项目初始结构

视频讲解

## 8.2 人脸检测

方向梯度直方图(Histogram of Oriented Gradients)方法简称 HOG 方法，被广泛应用于人脸检测。HOG 方法检测人脸的原理如图 8.2 所示。

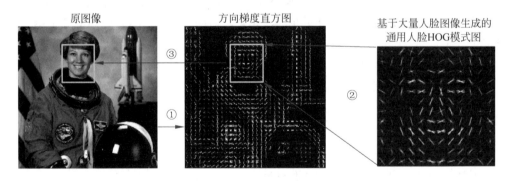

图 8.2 HOG 方法检测人脸的原理

使用 dlib 库提供的基于 HOG 方法的检测函数，可以生成原图像的方向梯度直方图，然后再用通用人脸 HOG 模式图去匹配，即可从原图像中定位人脸的位置，完成人脸目标检测。

视频讲解

## 8.3 人脸识别

V. Kazemi 和 J. Sullivan 于 2014 年在其论文 *One millisecond face alignment with an ensemble of regression trees* 中给出了针对面部的 68 个特征点估计算法。68 个特征点囊括

了下巴的顶部、左右眼睛的外部轮廓以及左右眉毛的内部轮廓等，如图 8.3 所示。

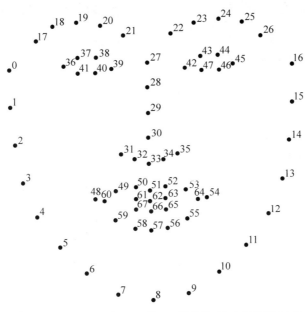

图 8.3　V.Kazemi 与 J.Sullivan 定义的 68 个面部特征点

通过卷积神经网络生成的人脸特征向量往往远远超过 68 个特征点表达的范畴。假定某个人脸识别网络的倒数第二层（分类层之前）输出的向量长度为 128，则意味着最后用于区分人脸的特征值有 128 个，如图 8.4 所示。

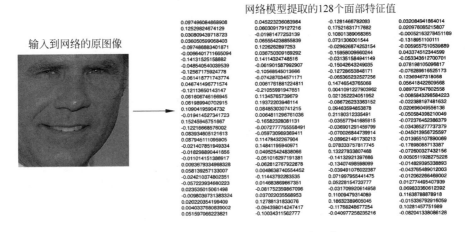

图 8.4　卷积神经网络提取的面部特征值

人脸识别的原理是通过模型提取面部特征点，生成人脸特征向量，然后计算不同人脸特征向量的欧氏距离或者余弦相似度，判断是否为同一个人。

## 8.4　数据采集

为了训练自定义的卷积神经网络，需要采集人脸数据，构建训练集和验证集。

数据采集程序 capture_faces.py 如程序段 P8.1 所示，执行程序完成标签为 zhou、wu、zheng、wang 四个人的脸部数据实时采集工作，将其自动划分为训练集和验证集，存放到对应的目录中。

P8.1 # 数据采集 capture_faces.py

```python
01  # 导入库
02  import cv2
03  import dlib
04  import numpy as np
05  # 定义面部正面探测器
06  detector = dlib.get_frontal_face_detector()
07  # 打开摄像头或者打开视频文件
08  cap = cv2.VideoCapture(0, cv2.CAP_DSHOW)        # 从摄像头实时采集头像
09  margin = 0.2                                     # 边距比例
10  frame_count = 0                                  # 帧计数
11  face_count = 0                                   # 脸部计数
12  font = cv2.FONT_HERSHEY_SIMPLEX
13  # 循环读取每一帧，对每一帧做脸部检测，按 Esc 键循环结束
14  while True:
15      ret, frame = cap.read()                      # 从摄像头或者文件中读取一帧
16      if (ret != True):
17          print('没有捕获图像,数据采集结束或者检查摄像头是否工作正常!')
18          break
19      frame_count += 1
20      img_h, img_w, _ = np.shape(frame)            # 获取图像尺寸
21      detected = detector(frame, 1)                # 对当前帧检测,参数1表示上采样一次
22      faces = []                                    # 脸部图像列表
23      if len(detected) > 0:                         # 当前帧检测到脸部
24          for i, d in enumerate(detected):
25              face_count += 1
26              # 脸部图像坐标与尺寸
27              x1, y1, x2, y2, w, h = d.left(), d.top(), d.right() + 1, \
28                                     d.bottom() + 1, d.width(), d.height()
29              # 用边距做调整
30              xw1 = max(int(x1 - margin * w), 0)
31              yw1 = max(int(y1 - margin * h), 0)
32              xw2 = min(int(x2 + margin * w), img_w - 1)
33              yw2 = min(int(y2 + margin * h), img_h - 1)
34              # 析取脸部图像数据
35              face = frame[yw1:yw2 + 1, xw1:xw2 + 1, :]
36              if (frame_count % 4 != 0):
37                  # 保存人脸图像到./dataset/train/目录,改变 zhou 目录,采集其他人
38                  file_name = "./dataset/train/zhou/" + str(frame_count) \
39                              + "_zhou" + str(i) + ".jpg"
40              else:
41                  # 保存人脸图片到./dataset/valid/目录,改变 zhou 目录,采集其他人
42                  file_name = "./dataset/valid/zhou/" + str(frame_count) \
43                              + "_zhou" + str(i) + ".jpg"
44              cv2.imwrite(file_name, face)
45              # 绘制边界框
```

```
46              cv2.rectangle(frame, (x1, y1), (x2, y2), (0, 255, 0), 2)
47              cv2.putText(frame, f"already get : {frame_count} faces", \
48                          (80, 80), font, 1.2, (255, 0, 0), 3)
49          # 显示单帧检测结果
50          cv2.imshow("Face Detector", frame)
51          # 按 Esc 键终止检测
52          if cv2.waitKey(1) & 0xFF == 27:
53              break
54  print(f'已经完成了 {frame_count} 帧检测,保存了 {face_count} 幅脸部图像')
55  cap.release()
56  cv2.destroyAllWindows()
```

执行程序段 P8.1,在镜头前变换表情、姿势,完成面部图像的采集工作,采集工作界面如图 8.5 所示。

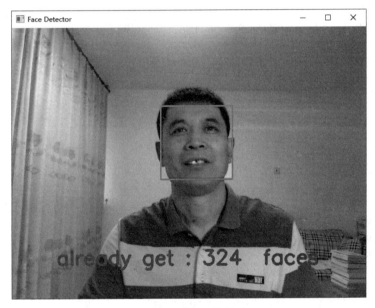

图 8.5　采集工作界面

修改第 38～44 行语句中的路径标识符 zhou,依次完成 wu、zheng、wang 三人的图像采集。观察训练集目录 train 与验证集目录 valid,剔除那些侧脸幅度过大、低头幅度过大、遮挡严重或者与脸部正面严重背离的图像。统计每个人的图像数量,保持数量相对均衡。

## 8.5　自定义人脸识别模型

程序 my_recognition.py 模仿 VGG-16 模型的结构特点,自定义 CNN(卷积神经网络),模型结构如图 8.6 所示。出于降低计算量考虑,将模型输入层维度定义为(64,64,3)。各卷积层统一采用 3×3 的过滤器,步长为 1,same 模式卷积。最大池化层统一采用 2×2 的过滤器,步长为 2。模型共包含 9 层,输出层输出的向量长度为 4,对应四类样本的概率。倒数第 2 层输出的向量长度为 64,可以理解为长度为 64 的面部特征向量。

程序段 P8.2 完成数据集加载、模型的定义、模型训练、模型评估以及实时人脸识别。

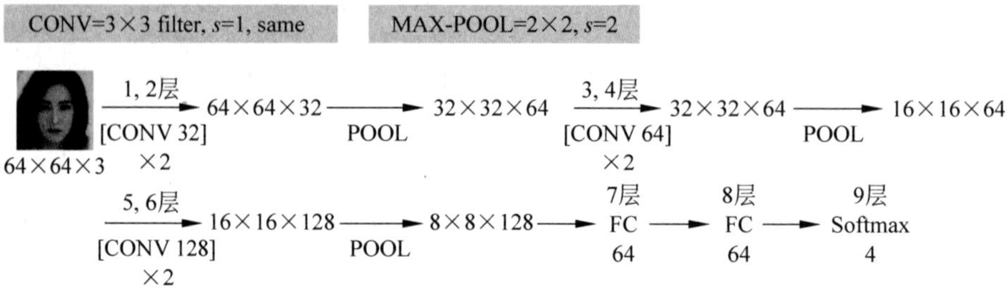

```
CONV=3×3 filter, s=1, same    MAX-POOL=2×2, s=2
```

```
              1,2层                        3,4层
            ─────── 64×64×32 ──→ 32×32×64 ─────── 32×32×64 ──→ 16×16×64
            [CONV 32]            POOL     [CONV 64]            POOL
  64×64×3      ×2                            ×2

              5,6层                    7层      8层       9层
            ─────── 16×16×128 ──→ 8×8×128 ──→ FC  ──→  FC  ──→ Softmax
            [CONV 128]            POOL         64      64        4
              ×2
```

图 8.6　自定义卷积神经网络模型结构

**P8.2　# 自定义人脸识别模型 my_recognition.py**

```python
01  import cv2
02  import numpy as np
03  import dlib
04  from tensorflow.keras.preprocessing.image import ImageDataGenerator
05  from tensorflow.keras import Sequential
06  from tensorflow.keras.layers import Dense, Dropout, Flatten, \
07      BatchNormalization, Conv2D, MaxPool2D
08  from tensorflow.keras.optimizers import Adam                    # 优化算法
09  # 回调函数
10  from tensorflow.keras.callbacks import ModelCheckpoint, \
11      EarlyStopping, ReduceLROnPlateau
12  from tensorflow.keras.models import load_model
13  # 构建训练集和验证集
14  num_classes = 4  # 类别(zhou,wu,zheng,wang)
15  face_h, face_w = 64, 64                                          # 头像尺寸
16  batch_size = 8
17  train_data_dir = './dataset/train'
18  validation_data_dir = './dataset/valid'
19  # 数据增强
20  train_datagen = ImageDataGenerator(rescale = 1. / 255)
21  validation_datagen = ImageDataGenerator(rescale = 1. / 255)
22  train_generator = train_datagen.flow_from_directory(
23      train_data_dir,
24      target_size = (face_h, face_w),
25      batch_size = batch_size,
26      class_mode = 'categorical',
27      shuffle = True)
28  validation_generator = validation_datagen.flow_from_directory(
29      validation_data_dir,
30      target_size = (face_h, face_w),
31      batch_size = batch_size,
32      class_mode = 'categorical',
33      shuffle = True)
34  # 定义模型
35  model = Sequential(name = 'Face_Model')
36  # Block1
37  # 卷积层 1
38  model.add(Conv2D(32, (3, 3), padding = 'same', activation = 'relu', \
```

```python
39                         input_shape = (face_h, face_w, 3)))
40 model.add(BatchNormalization())
41 # 卷积层 2
42 model.add(Conv2D(32, (3, 3), padding = "same", activation = 'relu'))
43 model.add(BatchNormalization())
44 model.add(MaxPool2D(pool_size = (2, 2)))
45 # Block2
46 # 卷积层 3
47 model.add(Conv2D(64, (3, 3), padding = "same", activation = 'relu'))
48 model.add(BatchNormalization())
49 # 卷积层 4
50 model.add(Conv2D(64, (3, 3), padding = "same", activation = 'relu'))
51 model.add(BatchNormalization())
52 model.add(MaxPool2D(pool_size = (2, 2)))
53 # Block3
54 # 卷积层 5
55 model.add(Conv2D(128, (3, 3), padding = "same", activation = 'relu'))
56 model.add(BatchNormalization())
57 # 卷积层 6
58 model.add(Conv2D(128, (3, 3), padding = "same", activation = 'relu'))
59 model.add(BatchNormalization())
60 model.add(MaxPool2D(pool_size = (2, 2)))
61 # Block4
62 # 全连接层 FC:第 7 层
63 model.add(Flatten())
64 model.add(Dense(64, activation = 'relu'))
65 model.add(BatchNormalization())
66 model.add(Dropout(0.5))
67 # Block5
68 # 全连接层 FC:第 8 层
69 model.add(Dense(64, activation = 'relu'))
70 model.add(BatchNormalization())
71 model.add(Dropout(0.5))
72 # Block6
73 # 全连接层 FC:第 9 层,Softmax 分类
74 model.add(Dense(num_classes, activation = 'softmax'))
75 # 显示模型结构
76 model.summary()
77 # 定义回调函数:保存最优模型
78 checkpoint = ModelCheckpoint("./Trained_Models/face_recognition_model.h5",
79                              monitor = "val_loss",
80                              mode = "min",
81                              save_best_only = True,
82                              save_weights_only = False,
83                              verbose = 1)
84 # 定义回调函数:提前终止训练
85 earlystop = EarlyStopping(monitor = 'val_loss',
86                           min_delta = 0,
87                           patience = 5,
88                           verbose = 1,
89                           restore_best_weights = True)
```

```python
90  # 定义回调函数:学习率衰减
91  reduce_lr = ReduceLROnPlateau(monitor = 'val_loss',
92                                factor = 0.8,
93                                patience = 3,
94                                verbose = 1,
95                                min_delta = 0.0001)
96
97  # 将回调函数组织为回调列表
98  callbacks = [earlystop, checkpoint, reduce_lr]
99  # 模型编译,指定损失函数、优化算法、学习率和模型评价标准
100 model.compile(loss = 'categorical_crossentropy',
101               optimizer = Adam(lr = 0.01),
102               metrics = ['accuracy'])
103 # 训练集样本数量
104 n_train_samples = train_generator.n
105 # 验证集样本数量
106 n_validation_samples = validation_generator.n
107 # 训练代数
108 epochs = 20
109 # 开始训练
110 history = model.fit(
111     train_generator,
112     steps_per_epoch = n_train_samples // batch_size,
113     epochs = epochs,
114     callbacks = callbacks,
115     validation_data = validation_generator,
116     validation_steps = n_validation_samples // batch_size)
117 # 绘制模型准确率曲线
118 import matplotlib.pyplot as plt
119 x = range(1, len(history.history['accuracy']) + 1)
120 plt.plot(x, history.history['accuracy'])
121 plt.plot(x, history.history['val_accuracy'])
122 plt.title('Model accuracy')
123 plt.ylabel('Accuracy')
124 plt.xlabel('Epoch')
125 plt.xticks(x)
126 plt.legend(['Train', 'Val'], loc = 'upper left')
127 plt.show()
128 # 获取标签列表
129 class_labels = validation_generator.class_indices
130 class_labels = {v: k for k, v in class_labels.items()}
131 classes = list(class_labels.values())
132 print('class_labels:', class_labels)
133 # 加载训练好的模型
134 model = load_model('./Trained_Models/face_recognition_model.h5')
135 # 摄像头测试
136 # 定义模型的标签字典
137 face_classes = {0: 'wang', 1: 'wu', 2: 'zheng', 3: 'zhou'}
138 margin = 0.2                                                    # 边距比例因子
139 font = cv2.FONT_HERSHEY_SIMPLEX
140 # dlib脸部检测器
```

```
141     detector = dlib.get_frontal_face_detector()
142     # 打开摄像头
143     cap = cv2.VideoCapture(0, cv2.CAP_DSHOW)
144     while cap.isOpened():
145         ret, frame = cap.read()                              # 读取一帧
146         preprocessed_faces = []    # 脸部图像列表,用于保存当前帧检测到的全部脸部图像
147         frame_h, frame_w, _ = np.shape(frame)                 # 帧图像大小
148         detected = detector(frame, 1)                         # 探测脸部
149         if len(detected) > 0:      # 提取当前帧探测的所有脸部图像,构建预测数据集
150             for i, d in enumerate(detected):                  # 枚举脸部对象
151                 # 脸部坐标
152                 x1, y1, x2, y2, w, h = d.left(), d.top(), d.right() + 1, d.bottom() + 1, \
153                                        d.width(), d.height()
154                 # 带边距的坐标
155                 xw1 = max(int(x1 - margin * w), 0)
156                 yw1 = max(int(y1 - margin * h), 0)
157                 xw2 = min(int(x2 + margin * w), frame_w - 1)
158                 yw2 = min(int(y2 + margin * h), frame_h - 1)
159                 # 绘制边界框
160                 cv2.rectangle(frame, (x1, y1), (x2, y2), (0, 255, 0), 2)
161                 # 脸部的边界(含边距)
162                 face = frame[yw1:yw2 + 1, xw1:xw2 + 1, :]
163                 # 脸部缩放,以适合模型需要的输入维度
164                 face = cv2.resize(face, (face_h, face_w))
165                 # 图像归一化
166                 face = face.astype("float") / 255.0
167                 # 扩充维度,变为四维(1,face_h,face_w,3)
168                 face = np.expand_dims(face, axis=0)
169                 # 加入预处理的脸部图像列表
170                 preprocessed_faces.append(face)
171             # 对每一个脸部图像进行预测
172             face_labels = []                                  # 保存预测结果
173             for i, d in enumerate(detected):
174                 preds = model.predict(preprocessed_faces[i])[0]  # 预测
175                 face_labels.append(face_classes[preds.argmax()]) # 提取标签
176                 label = f"{face_labels[i]}"
177                 cv2.putText(frame, label, (d.left(), d.top() - 10), \
178                             font, 1.2, (255, 255, 0), 3)
179         cv2.imshow("Face Recognition", frame)                 # 显示当前帧
180         # 按 Esc 键终止检测
181         if cv2.waitKey(1) & 0xFF == 27:
182             break
183     cap.release()
184     cv2.destroyAllWindows()
```

运行结果显示,模型参数总量为 818 084 个。模型在训练集与验证集上的准确率曲线对比如图 8.7 所示。如果仅从准确率曲线趋势上看,模型的泛化能力较好。

模型实时检测识别效果如图 8.8 所示,虽然多数情况下能够准确识别目标对象,但是实践中模型的表现并不稳定,原因可能是为降低计算量,输入层采用小图像尺寸,导致特征信息不充分,或者模型过于简单,特征提取能力不够强大,或者样本的采集缺乏代表性等。

图 8.7　模型在训练集与验证集上的准确率曲线对比

视频讲解

图 8.8　模型实时检测识别效果

## 8.6　VGG-Face 模型

　　牛津大学计算机视觉研究小组的 Omkar M. Parkhi 等在 2015 年发表的论文 *Deep Face Recognition* 中给出了基于 CNN 的人脸识别模型,因其结构酷似 VGG-16,故将其命名为 VGG-Face 模型。

　　该研究小组采用的数据集包含 2622 人的 260 万幅图像,定义的 VGG-Face 模型结构如图 8.9 所示。

　　为提高计算效率,模型用 1×1 卷积代替了 VGG-16 中的全连接层。

# 第8章 人脸考勤App

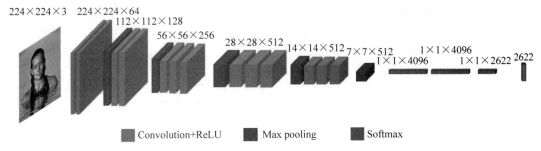

图 8.9 VGG-Face 模型结构

在 server 子目录中新建程序 VGG-Face.py，VGG-Face 模型定义如程序段 P8.3 所示。

**P8.3　# VGG - Face 模型定义**

```
01  from tensorflow.keras.models import Model, Sequential
02  from tensorflow.keras.layers import Convolution2D, ZeroPadding2D, \
03      MaxPool2D, Flatten, Dropout, Activation
04  # 定义 VGG - Face - Model
05  def loadVggFaceModel():
06      model = Sequential()
07      # Block1
08      model.add(ZeroPadding2D((1,1), input_shape = (224,224, 3)))
09      model.add(Convolution2D(64, (3, 3), activation = 'relu'))
10      model.add(ZeroPadding2D((1,1)))
11      model.add(Convolution2D(64, (3, 3), activation = 'relu'))
12      model.add(MaxPool2D((2,2), strides = (2,2)))
13      # Block2
14      model.add(ZeroPadding2D((1,1)))
15      model.add(Convolution2D(128, (3, 3), activation = 'relu'))
16      model.add(ZeroPadding2D((1,1)))
17      model.add(Convolution2D(128, (3, 3), activation = 'relu'))
18      model.add(MaxPool2D((2,2), strides = (2,2)))
19      # Block3
20      model.add(ZeroPadding2D((1,1)))
21      model.add(Convolution2D(256, (3, 3), activation = 'relu'))
22      model.add(ZeroPadding2D((1,1)))
23      model.add(Convolution2D(256, (3, 3), activation = 'relu'))
24      model.add(ZeroPadding2D((1,1)))
25      model.add(Convolution2D(256, (3, 3), activation = 'relu'))
26      model.add(MaxPool2D((2,2), strides = (2,2)))
27      # Block4
28      model.add(ZeroPadding2D((1,1)))
29      model.add(Convolution2D(512, (3, 3), activation = 'relu'))
30      model.add(ZeroPadding2D((1,1)))
31      model.add(Convolution2D(512, (3, 3), activation = 'relu'))
32      model.add(ZeroPadding2D((1,1)))
33      model.add(Convolution2D(512, (3, 3), activation = 'relu'))
34      model.add(MaxPool2D((2,2), strides = (2,2)))
35      # Block5
36      model.add(ZeroPadding2D((1,1)))
37      model.add(Convolution2D(512, (3, 3), activation = 'relu'))
```

```
38      model.add(ZeroPadding2D((1,1)))
39      model.add(Convolution2D(512, (3, 3), activation = 'relu'))
40      model.add(ZeroPadding2D((1,1)))
41      model.add(Convolution2D(512, (3, 3), activation = 'relu'))
42      model.add(MaxPool2D((2,2), strides = (2,2)))
43      # Block6
44      model.add(Convolution2D(4096, (7, 7), activation = 'relu'))
45      model.add(Dropout(0.5))
46      # Block7
47      model.add(Convolution2D(4096, (1, 1), activation = 'relu'))
48      model.add(Dropout(0.5))
49      # Block8
50      model.add(Convolution2D(2622, (1, 1)))             # 模型输出长度为 2622 的向量
51      model.add(Flatten())
52      model.add(Activation('softmax'))
53      # 加载模型的预训练权重参数,该权重文件可从以下网址下载
54      //https:// drive.google.com/file/d/1CPSeum3HpopfomUEK1gybeuIVoeJT_Eo/view?usp = sharing
55      model.load_weights('./models/vgg_face_weights.h5')
56      # 定义专门用于特征提取的新模型,不包含最后一层,模型输出向量长度为 2622
57      vgg_face_descriptor = Model(inputs = model.layers[0].input, \
58                                  outputs = model.layers[-2].output)
59      return vgg_face_descriptor
60  model = loadVggFaceModel()                             # 生成特征提取模型
61  model.summary()                                        # 显示模型结构摘要
62  # 保存 VGG - Face - Model,包含模型结构、权重和优化算法
63  # 服务器将使用该模型做特征提取
64  model.save('./models/VGG - Face - Model.h5')
65  print('模型 VGG - Face - Model.h5 专门用于面部特征提取,输出的向量长度为 2622')
```

模型结构摘要显示,参数数量超过了 1.45 亿。第 57 行语句将 VGG-Face 最后的激活函数层去掉,把从输入层开始至倒数第二层的所有层重新构建为新模型 VGG-Face-Model,新模型将专门用于人脸特征提取,而且其输出的人脸特征向量的长度为 2622。

视频讲解

## 8.7 人脸相似度计算

人脸相似度可以通过计算人脸特征向量之间的欧几里得距离做出判断,或者通过比较两个向量的余弦相似性做出判断。以二维向量为例,来说明余弦相似性的计算,如图 8.10 所示。

向量 $a$ 与向量 $b$ 间的余弦值可以通过欧几里得点积公式计算,如式(8.1)所示。

$$a \cdot b = \|a\| \times \|b\| \times \cos\theta \tag{8.1}$$

给定两个属性向量 $A$ 和 $B$,其余弦相似性由点积和向量长度给出,如式(8.2)所示。

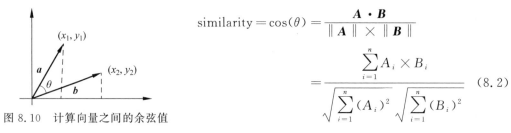

$$\text{similarity} = \cos(\theta) = \frac{A \cdot B}{\|A\| \times \|B\|} = \frac{\sum_{i=1}^{n} A_i \times B_i}{\sqrt{\sum_{i=1}^{n}(A_i)^2} \sqrt{\sum_{i=1}^{n}(B_i)^2}} \tag{8.2}$$

图 8.10 计算向量之间的余弦值

式(8.2)中的 $A_i$、$B_i$ 分别代表向量 **A** 和 **B** 的各分量。

相似度取值范围为[-1,1]。

-1:两个向量的指向正好截然相反。

1:两个向量的指向完全相同。

0:通常表示两个向量之间是独立的。

不难理解,用 VGG-Face 或者 8.6 节自定义的卷积网络对人脸图像进行特征提取,然后计算特征向量之间的余弦相似性,可用于解决人脸识别问题。

在 Face_Server.py 中定义程序段 P8.4 所示的函数模块 findCosineSimilarity,用于余弦相似度的计算。

```
P8.4  # 计算余弦相似度 findCosineSimilarity
01  def findCosineSimilarity(source_representation, test_representation):
02      '''
03      功能:计算向量间的余弦相似性
04      :param source_representation: 存储在库中的员工面部特征向量
05      :param test_representation: 当前检测到的面部特征向量
06      :return: 余弦值
07      '''
08      # 计算两个向量的点积
09      a_dot_b = np.matmul(np.transpose(source_representation), test_representation)
10      # 计算向量 a 的元素平方和
11      a_square_sum = np.sum(np.multiply(source_representation, source_representation))
12      # 计算向量 b 的元素平方和
13      b_square_sum = np.sum(np.multiply(test_representation, test_representation))
14      # 返回余弦值
15      return a_dot_b / (np.sqrt(a_square_sum) * np.sqrt(b_square_sum))
```

## 8.8 员工照片采集

视频讲解

实践中往往需要基于单样本学习(One-Shot Learning)实现人脸识别,即每位员工需要上交一张照片,然后用 VGG-Face 模型提取员工照片的特征向量。为简化问题描述,本案例将员工照片存放于 ./employee 目录中。

程序段 P8.5 用于员工照片的实时采集,程序运行时,按下空格键,可以拍摄一张脸部图像并存入 employee 目录中。

```
P8.5  # 员工照片采集 take_photo.py
01  # 导入库
02  import cv2
03  import dlib
04  import numpy as np
05  # 定义面部正面探测器
06  detector = dlib.get_frontal_face_detector()
07  # 打开摄像头
08  cap = cv2.VideoCapture(0, cv2.CAP_DSHOW)
09  margin = 0.2                            # 边距比例
10  frame_count = 0                         # 帧计数
```

```
11    face_count = 0                              # 脸部计数
12    # 循环读取每一帧,对每一帧做脸部检测,按 Esc 键循环结束
13    while True:
14        key = cv2.waitKey(1) & 0xFF             # 读键盘
15        ret, frame = cap.read()                 # 从摄像头或者文件中读取一帧
16        if (ret != True):
17            print('没有捕获图像,数据采集结束或者检查摄像头是否工作正常!')
18            break
19        frame_count += 1
20        img_h, img_w, _ = np.shape(frame)       # 获取图像尺寸
21        detected = detector(frame, 1)           # 对当前帧检测
22        faces = []                              # 脸部图像列表
23        if len(detected) > 0:                   # 当前帧检测到脸部
24            for i, d in enumerate(detected):
25                # 脸部图像坐标与尺寸
26                x1, y1, x2, y2, w, h = d.left(), d.top(), d.right() + 1, d.bottom() + 1, \
27                                       d.width(), d.height()
28                # 用边距做调整
29                xw1 = max(int(x1 - margin * w), 0)
30                yw1 = max(int(y1 - margin * h), 0)
31                xw2 = min(int(x2 + margin * w), img_w - 1)
32                yw2 = min(int(y2 + margin * h), img_h - 1)
33                # 脸部图像坐标
34                face = frame[yw1:yw2 + 1, xw1:xw2 + 1, :]
35                face = cv2.resize(face, (128, 128), interpolation = cv2.INTER_CUBIC)
36                if (key == 32):                 # 按空格键采集头像
37                    face_count += 1
38                    file_name = "./employee/" + str(frame_count) + str(i) + ".jpg"
39                    cv2.imwrite(file_name, face)
40                    print('员工照片已经保存到 employee 目录!!')
41                elif (key == 27):               # 按 Esc 键退出
42                    break
43                # 绘制边界框
44                cv2.rectangle(frame, (x1, y1), (x2, y2), (0, 255, 0), 2)
45        # 显示单帧检测结果
46        cv2.imshow("Face Detector", frame)
47        # 按 Esc 键终止检测
48        if key == 27:
49            break
50    print('已经完成了 {0} 帧检测,保存了 {1} 幅脸部图像'.format(frame_count,
51    face_count))
52    cap.release()
53    cv2.destroyAllWindows()
```

视频讲解

## 8.9 服务器主程序

服务器端定义五个子模块,分别用于计算余弦相似度、图像预处理、对所有员工做面部特征编码、将考勤信息写入数据表以及用于收发消息的会话线程,如图 8.11 所示。

图 8.11　服务器模块结构

服务器程序的主逻辑如程序段 P8.6 所示。

```
P8.6    # 服务器主程序 Face_Server.py
01   import datetime
02   import json                                              # 消息头用 JSON 格式
03   import cv2
04   import time
05   import pickle                                            # 对象序列化
06   import socket
07   from PIL import Image
08   import numpy as np
09   from concurrent.futures import ThreadPoolExecutor
10   from tensorflow.keras.models import load_model
11   from tensorflow.keras.preprocessing.image import load_img, img_to_array
12   from os import listdir
13   THRESHHOLD = 0.75                                        # 相似度阈值
14   MSG_HEADER_LEN = 128                                     # 用 128B 定义消息头的长度
15   DISCONNECTED = '!CONNECTION CLOSED'                      # 客户机下线消息
16   connections = 0                                          # 在线连接数量
17   # 启动服务器
18   server_ip = socket.gethostbyname(socket.gethostname())   # 获取本机 IP
19   server_port = 50000
20   server_addr = (server_ip, server_port)
21   # 创建 TCP 通信套接字
22   server_socket = socket.socket(socket.AF_INET, socket.SOCK_STREAM)
23   server_socket.bind(server_addr)                          # 绑定到工作地址
24   server_socket.listen()                                   # 开始侦听
25   print(f'服务器开始在{server_addr}侦听...')
26   # 图像预处理
27   def preprocess_image(image_path):
28       '''
29       功能：读取图像,并转换为适合模型输入的维度
30       :param image_path: 图像文件路径
31       :return: 图像对象
32       '''
33       face_h, face_w = 224, 224                            # 模型输入的头像大小
34       img = load_img(image_path, target_size=(face_h, face_w))
35       img = img_to_array(img)
36       img = np.expand_dims(img, axis=0)
37       img = img / 255.0
38       return img
39   def employee_features(img_path,model):
40       '''
41       功能：对所有员工做特征编码
```

```python
42      :param img_path: 员工图像路径
43      :param model: VGG-Face-Model 模型
44      :return: 员工特征编码字典
45      '''
46      all_people_faces = dict()                              # 员工照片特征字典
47      for file in listdir(img_path):                         # 遍历员工目录
48          # 用文件名称作为标签
49          person_face, extension = file.split(".")
50          filename = f'./employee/{person_face}.{extension}'
51          # 析取特征,构建员工面部特征字典
52          all_people_faces[person_face] = model.predict( \
53              preprocess_image(filename))[0,:]
54      print("成功提取所有员工的特征到数据字典!!")
55      print(all_people_faces)                                # 观察特征值
56      return all_people_faces
57  def findCosineSimilarity(source_representation, test_representation):
58      '''
59      功能: 计算向量间的余弦相似性
60      :param source_representation: 存储在库中的员工面部特征向量
61      :param test_representation: 当前检测到的面部特征向量
62      :return: 余弦值
63      '''
64      # 参见程序段 P8.4
65  def mark_attendance(name):
66      '''
67      功能: 记录员工打卡时间,写入数据表
68      :param name: 打卡人姓名
69      :return: 无
70      '''
71      with open('./kaoqin.csv', 'r+') as f:
72          all_records = f.readlines()
73          namelist = []
74          for record in all_records:
75              fields = record.split(',')
76              namelist.append(fields[0])
77          if name not in namelist:                           # 不能重复签到
78              now = datetime.datetime.now()
79              dt = now.strftime('%H:%M:%S')
80              f.writelines(f'\n{name},{dt}')
81
82  def handle_client(client_socket, client_addr, model, employees):
83      """
84      功能: 与客户机会话线程
85      :param client_socket: 会话套接字
86      :param client_addr: 客户机地址
87      :param model: 提取特征的模型 VGG-Face-Model
88      :param employees: 员工特征字典
89      """
90      pass
91  if __name__ == '__main__':
92      img_path = "./employee/"                               # 员工照片目录
```

```
93      model_path = './models/VGG-Face-Model.h5'
94      model = load_model(model_path)                      # 加载模型
95      print('正在加载员工特征字典...')
96      features = employee_features(img_path, model)
97      print('员工特征字典加载完成!')
98      # 创建线程池
99      pool = ThreadPoolExecutor(max_workers = 5)
100     while True:
101         new_socket, new_addr = server_socket.accept()   # 处理连接
102         # 创建线程任务,提交到线程池
103         pool.submit(handle_client,new_socket, new_addr, model, features)
104         print(f'新连接建立,远程客户机地址是:{new_addr}')
105         connections += 1
106         print(f'\n 服务器端当前活动连接数量是:{connections}')
107     pool.shutdown(wait = True)                           # 关闭线程池
```

第 96 行语句调用员工特征提取函数,生成所有员工的面部特征向量,存入特征字典中。

第 100~106 行的 while 循环,用于处理客户机连接,创建会话线程。函数模块 employee_features 用于员工特征提取,函数模块 findCosineSimilarity 计算余弦相似度,函数模块 preprocess_image 将图像处理为适配模型的维度,函数模块 mark_attendance 记录用户刷脸打卡时间到考勤表中,函数模块 handle_client 处理服务器与客户机的会话逻辑。

## 8.10 服务器会话线程

视频讲解

服务器会话线程逻辑如图 8.12 所示,与第 7 章的桌面服务器类似,不同之处主要体现在图像消息处理流程上。

对于图像消息,其处理流程为:

(1)用循环完成图像数据接收。

(2)完成图像数据的解析,将收到的字节流数据转换为适配 VGG-Face 模型输入要求的图像。

(3)用 VGG-Face 模型提取图像特征,得到长度为 2622 的面部特征向量。

(4)遍历已知员工,逐一做余弦相似度计算,与服务器收到的照片做比较,如果遍历结束且没有发现超过阈值的员工,则跳转到步骤(7)。

(5)如果发现相似度超过阈值,则生成签到成功结果,写入签到数据表,转到步骤(7)。

(6)转到步骤(4)。

(7)没有找到超过阈值的员工,生成签到失败结果。

(8)定义回送消息头。

(9)向客户机回送消息头。

(10)向客户机回送消息内容。

会话线程函数的实现逻辑如程序段 P8.7 所示。

```
P8.7    # 服务器主程序 Face_Server.py
01  def handle_client(client_socket, client_addr, model, employees):
02      """
```

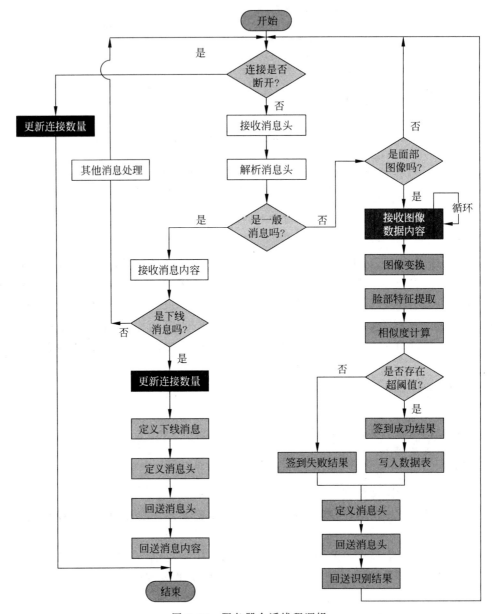

图 8.12 服务器会话线程逻辑

```
03      功能：与客户机会话线程
04      :param client_socket: 会话套接字
05      :param client_addr: 客户机地址
06      :param model: 提取特征的模型 VGG-Face-Model
07      :param employees: 员工特征字典
08      """
09      connected = True
10      while connected:
11          try:
12              # 接收消息头部
13              msg_header = client_sockct.recv(MSG_HEADER_LEN).decode('utf-8')
```

```
14                # 解析头部
15                header = json.loads(msg_header)           # 字符串转换为字典
16                msg_type = header['msg_type']             # 消息类型
17                msg_len = header['msg_len']               # 消息长度
18            except ConnectionResetError:
19                global connections
20                connections -= 1
21                print(f'远程客户机{client_addr}关闭了连接,活动连接数量是:
22                       {connections}')
23                break
24            if msg_type == 'CLIENT_MESSAGE':              # 收到客户机消息
25                msg = client_socket.recv(msg_len).decode('utf-8')    # 接收消息内容
26                if msg == DISCONNECTED:                   # 收到客户机下线的消息
27                    connected = False
28                    print(f'客户机:{client_addr}断开了连接!')
29                    connections -= 1
30                    print(f'服务器当前活动连接数量是:{connections}')
31                    print(f'来自客户机{client_addr}的消息是:{msg}')
32                    # 回送消息
33                    echo_message = f'服务器{client_socket.getsockname()}\
34                         收到消息:{msg},时间:\
35                         {time.strftime("%Y-%m-%d %H:%M:%S", time.localtime())}'
36                    size = len(echo_message)
37                    header = {"msg_type": "SERVER_ECHO_MESSAGE",
38                              "msg_len": size}
39                    header_byte = bytes(json.dumps(header), encoding='utf-8')
40                    # 消息头补空格
41                    header_byte += b' ' * (MSG_HEADER_LEN - len(header_byte))
42                    client_socket.sendall(header_byte)    # 发送下线消息头
43                    # 发送下线消息内容
44                    client_socket.sendall(echo_message.encode('utf-8'))
45                else:
46                    pass                                  # 其他消息处理,此处留作扩展
47            elif msg_type == 'CLIENT_FACE':               # 收到客户机发来的图像
48                data = bytearray()
49                while len(data) < msg_len:                # 接收图像数据
50                    bytes_read = client_socket.recv(msg_len - len(data))
51                    if not bytes_read:
52                        break
53                    data.extend(bytes_read)
54                # 字节流图像数据还原为与模型输入层维度适配的图像
55                face = np.frombuffer(data, np.uint8)      # 字节流还原为对象数据
56                # 重构维度
57                face = face.reshape(header['h'], header['w'], header['c'])
58                face = Image.fromarray(face, 'RGB')       # 转为图像
59                face = np.array(face)                     # 转为numpy数组
60                # 归一化,尺寸缩放,重构维度(四维)
61                face = cv2.resize(face/255.0,(224,224)).reshape(-1,224,224,3)
62                # 用模型进行特征提取
63                new_feature = model.predict(face)[0, :]
64                # 到员工数据库比对
```

```python
65              found = 0
66              cur_time = datetime.datetime.now()
67              dt = cur_time.strftime('%H:%M:%S')
68              for feature in employees:
69                  person_name = feature
70                  right_feature = employees[feature]
71                  similarity = findCosineSimilarity(right_feature, new_feature)
72                  if (similarity > THRESHHOLD):          # 超过阈值
73                      result = {
74                          'name': person_name,           # 签到人姓名
75                          'time': dt,                    # 签到时间
76                          'flag': 1,                     # 签到成功
77                          'like': similarity             # 相似度
78                      }
79                      found = 1                          # 识别成功
80                      mark_attendance(person_name)       # 写入数据表
81                      break
82              if (found == 0):                           # 识别失败
83                  result = {
84                      'name': 'unknow',                  # 签到人姓名
85                      'time': dt,                        # 签到时间
86                      'flag': 0,                         # 签到失败
87                      'like': similarity                 # 相似度
88                  }
89              # 回送预测结果
90              result = pickle.dumps(result)              # 对象序列化
91              size = len(result)
92              header = {"msg_type": "SERVER_RECOGNITION", "msg_len": size}
93              header_byte = bytes(json.dumps(header), encoding='utf-8')
94              # 消息头补空格
95              header_byte += b' ' * (MSG_HEADER_LEN - len(header_byte))
96              client_socket.sendall(header_byte)         # 发送消息头
97              client_socket.sendall(result)              # 发送消息内容
98          client_socket.close()                          # 关闭会话连接
```

视频讲解

## 8.11 客户机主程序

客户机程序结构如图8.13所示，包含人脸检测、发送人脸图像、发送下线消息和接收消息线程四个子模块。人脸检测模块是通过对摄像头捕获的帧做实时分析检测实现的，在此基础上，析取人脸图像数据，通过发送人脸图像模块提交到服务器，然后通过接收消息线程

图8.13 客户机程序结构

处理服务器的识别结果。当客户机断开与服务器的连接时,发送下线消息。

程序段 P8.8 完成了客户机的主框架逻辑设计。发送人脸图像用 send_image_data() 函数实现,发送下线消息用 send_down_msg() 函数实现,接收消息用 recv_message() 函数实现。客户机的初始化、与服务器的连接均在主线程中完成。

P8.8　# 客户机主程序 Face_Client.py
```
01  import cv2
02  import dlib
03  import json
04  import time
05  import socket
06  import threading
07  import pickle                          # 对象序列化
08  import numpy as np
09  from queue import Queue                # 队列
10  MSG_HEADER_LEN = 128                   # 用 128B 定义消息头的长度
11  DISCONNECTED = '!CONNECTION CLOSED'    # 下线消息
12  result_queue = Queue()                 # 存放识别结果的队列
13  margin = 0.2                           # 边距比例
14  # 定义连接的服务器地址
15  remote_ip = socket.gethostbyname(socket.gethostname())
16  remote_port = 50000
17  remote_addr = (remote_ip, remote_port)
18  # 创建 TCP 通信套接字
19  client_socket = socket.socket(socket.AF_INET, socket.SOCK_STREAM)
20  client_socket.connect(remote_addr)     # 连接服务器
21  # 定义面部正面探测器
22  detector = dlib.get_frontal_face_detector()
23  # 打开摄像头
24  cap = cv2.VideoCapture(0,cv2.CAP_DSHOW)
25  # 接收消息线程
26  def recv_message(client_socket, result_queue):
27      '''
28      功能:接收消息的线程函数
29      :param client_socket: 会话套接字
30      :param result_queue: 存放预测结果的队列
31      :return: 无
32      '''
33      pass
34  # 发送客户端下线消息
35  def send_down_msg():
36      pass
37  # 发送人脸图像
38  def send_image_data(img_data):
39      '''
40      功能:发送图像数据
41      :param image: 图像数据
42      :return: 无
43      '''
44      pass
```

```python
45      # 创建接收服务器返回消息的线程
46      recv_thread = threading.Thread(target = recv_message,
47                                      args = (client_socket, result_queue))
48      recv_thread.setDaemon(True)
49      recv_thread.start()
50      while (cap.isOpened()):
51          ret, frame = cap.read()                    # 读取一帧
52          frame_h, frame_w, _ = np.shape(frame)      # 帧图像大小
53          detected = detector(frame, 1)              # 对当前帧检测
54          if len(detected) > 0:       # 提取当前帧探测的所有脸部图像,构建预测数据集
55              for i, d in enumerate(detected):       # 枚举脸部对象
56                  # 脸部坐标
57                  x1, y1, x2, y2, w, h = d.left(), d.top(), d.right() + 1, \
58                                          d.bottom() + 1, d.width(), d.height()
59                  # 绘制边界框
60                  cv2.rectangle(frame, (x1, y1), (x2, y2), (0, 255, 0), 2)
61                  # 用边距做调整
62                  xw1 = max(int(x1 - margin * w), 0)
63                  yw1 = max(int(y1 - margin * h), 0)
64                  xw2 = min(int(x2 + margin * w), frame_w - 1)
65                  yw2 = min(int(y2 + margin * h), frame_h - 1)
66                  # 提取脸部数据
67                  face = frame[yw1:yw2 + 1, xw1:xw2 + 1, :]
68                  face = cv2.cvtColor(face, cv2.COLOR_BGR2RGB)
69                  # 发送图像到服务器
70                  send_image_data(face)
71                  # 从队列中取回服务器回送的消息
72                  result = result_queue.get()       # 取出预测结果
73                  # 显示识别结果
74                  cv2.putText(frame, result['name'], (d.left(), d.top() - 10), \
75                               cv2.FONT_HERSHEY_SIMPLEX, 1.3, (0, 255, 0), 3)
76                  if result['flag']:
77                      # 显示签到成功
78                      cv2.putText(frame, 'Success', (d.left() - 50, frame_h - 100), \
79                                   cv2.FONT_HERSHEY_SIMPLEX, 1.3, (0, 0, 255), 3)
80                  else:
81                      # 显示签到失败
82                      cv2.putText(frame, 'Refused', (d.left(), frame_h - 100), \
83                                   cv2.FONT_HERSHEY_SIMPLEX, 1.2, (0, 0, 255), 3)
84                  # 显示签到时间
85                  cv2.putText(frame, f"Time: {result['time']}", (50, 50), \
86                               cv2.FONT_HERSHEY_SIMPLEX, 1.2, (255, 0, 0), 3)
87          cv2.imshow('Face Recognition', frame)       # 显示当前帧
88          if cv2.waitKey(1) & 0xFF == 27:             # 按 Esc 结束测试
89              send_down_msg()                         # 发送下线消息
90              time.sleep(1)
91              break
92      cap.release()
93      cv2.destroyAllWindows()
```

## 8.12 客户机收发消息

视频讲解

发送人脸图像数据流程如图 8.14 所示。编码如程序段 P8.9 所示,首先将图像的像素值转为字节流,构建消息头,然后发送消息头,最后发送消息内容。

图 8.14 发送人脸图像数据流程

**P8.9** # send_image_data()函数发送人脸图像数据
```
01  def send_image_data(img_data):
02      '''
03      功能:发送图像数据
04      :param img_data: 图像数据
05      :return: 无
06      '''
07      # 定义消息头
08      h = img_data.shape[0]                                        # 图像高度
09      w = img_data.shape[1]                                        # 图像宽度
10      c = img_data.shape[2]                                        # 通道数量
11      img_data = img_data.tobytes()                                # 图像数据转为字节流
12      size = len(img_data)                                         # 图像大小
13      # 图像消息头
14      header = {"msg_type": "CLIENT_FACE", "msg_len": size ,'h':h,'w':w, 'c':c}
15      header_byte = bytes(json.dumps(header), encoding = 'utf-8')
16      header_byte += b' ' * (MSG_HEADER_LEN - len(header_byte))    # 消息头补空格
17      client_socket.sendall(header_byte)                           # 发送消息头
18      client_socket.sendall(img_data)                              # 发送消息内容
```

发送下线消息函数 send_down_msg()编码逻辑如程序段 P8.10 所示。

**P8.10** # send_down_msg()函数发送下线消息
```
01  def send_down_msg():0
02      message = DISCONNECTED
03      size = len(message)                                          # 消息长度
04      header = {"msg_type": "CLIENT_MESSAGE", "msg_len": size}     # 消息头
05      header_byte = bytes(json.dumps(header), encoding = 'utf-8')  # 消息头编码
06      header_byte += b' ' * (MSG_HEADER_LEN - len(header_byte))    # 消息头补空格
07      client_socket.sendall(header_byte)                           # 发送消息头
08      client_socket.sendall(message.encode('utf-8'))               # 发送消息内容
```

接收消息函数 recv_message()的逻辑设计如图 8.15 所示,来自服务器的识别类消息,需要存入队列中,实现不同线程间的数据共享。

函数 recv_message()编码如程序段 P8.11 所示。

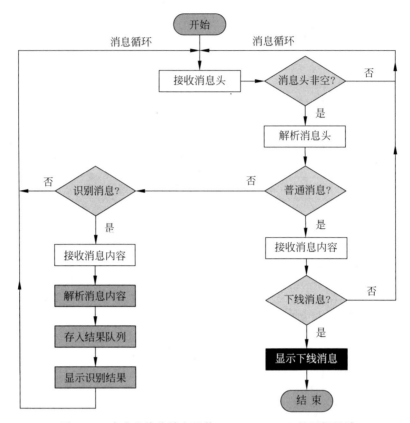

图 8.15　客户机接收消息函数 recv_message() 的逻辑设计

**P8.11**　# **recv_message() 函数处理收到的消息**
```
01  def recv_message(client_socket, result_queue):
02      '''
03      功能：接收消息的线程函数
04      :param client_socket: 会话套接字
05      :param result_queue: 存放预测结果的队列
06      :return: 无
07      '''
08      while True:
09          msg_header = client_socket.recv(MSG_HEADER_LEN)        # 接收消息头部
10          if msg_header:                                          # 消息头非空
11              header = json.loads(msg_header.decode('utf-8'))     # 还原消息头
12              msg_type = header['msg_type']                       # 消息类型
13              msg_len = header['msg_len']                         # 消息长度
14              if msg_type == "SERVER_ECHO_MESSAGE":                # 普通回送消息
15                  # 接收消息内容
16                  echo_message = client_socket.recv(msg_len)\
17                      .decode('utf-8')
18                  print(echo_message)
19                  if echo_message == DISCONNECTED:                # 服务器下线确认消息
20                      print('收到服务器下线确认消息！')
21                      break
22              elif msg_type == "SERVER_RECOGNITION":               # 服务器的识别消息
23                  result = client_socket.recv(msg_len)             # 接收消息内容
24                  result = pickle.loads(result)                    # 反序列化，还原对象
```

```
25                    result_queue.put(result)              # 用队列保存结果
26                    print(f'\n 识别结果:{result}')
27       print("连接已断开.")
28       client_socket.close()
```

## 8.13 联合测试

启动服务器,然后启动客户机。客户机实时检测画面如图 8.16 所示,图 8.16(a)为员工样本库中的样本照片,图 8.16(b)为实时检测画面。

客户机控制台输出的识别结果为:{'name': 'zhou', 'time': '12:12:41', 'flag': 1, 'like': 0.7732473},包含识别的员工姓名、考勤签到时间、签到成功标志以及相似度。尽管样本照片佩戴了眼镜,画面亮度、表情等与测试场景也略有差异,但是真人测试结果与样本照片的相似度仍然达到了 0.77,超过了预设的阈值范围。

(a) 员工样本库中的样本照片(zhou.jpg)　　(b) 实时检测画面

图 8.16　客户机实时检测画面

图 8.17 显示了多人同时签到打卡的情况,图 8.17(a)为所有员工的样本照片,图 8.17(b)为实时检测画面。观察客户机控制台上输出的识别结果。

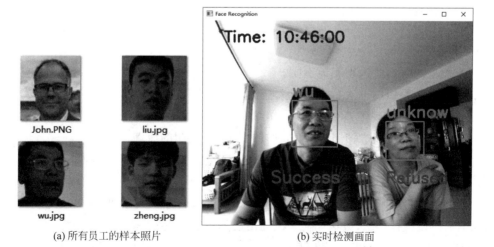

(a) 所有员工的样本照片　　　　　　(b) 实时检测画面

图 8.17　多人同时签到打卡

签到成功的识别结果：{'name'：'wu'，'time'：'10：46：00'，'flag'：1，'like'：0.788 036 5}。

签到失败的识别结果：{'name'：'unknow'，'time'：'10：46：00'，'flag'：0，'like'：0.551 778 26}。

当客户机连接到服务器时，服务器端的状态监控结果显示：

> 服务器开始在('192.168.0.102', 50000)侦听…
> 新连接建立,远程客户机地址是:('192.168.0.102', 64146)
> 服务器端当前活动连接数量是:1

当客户机断开与服务器的连接时，服务器端的状态监控结果显示：

> 客户机:('192.168.0.102', 64146)断开了连接!
> 服务器当前活动连接数量是:0
> 来自客户机('192.168.0.102', 64146)的消息是:!CONNECTION CLOSED

事实上，启动服务器之后，在多台配置摄像头的计算机上运行客户机，可以观察到服务器支持多客户机同时刷脸签到的分布式应用场景。

## 8.14 小结

视频讲解

本章学习了人脸检测与人脸识别的基本原理，建立了基于卷积神经网络的人脸识别模型，以该模型为基础，结合 dlib 的人脸检测技术和 Socket 编程技术，围绕客户机/服务器架构实现了网络分布式实时人脸签到考勤的设计与应用。

该设计可以实现同一摄像头下的多人同时签到、多摄像头下的分布式签到，也可以迁移到移动应用环境刷脸认证，或者部署到厂区门禁的刷脸进门等应用场景。

## 8.15 习题

**一、简答题**

1. 人脸检测与人脸识别有何不同？
2. 常见的人脸检测方法有哪些？人脸识别方法有哪些？
3. 描述 dlib 库实现的人脸检测算法的优点。
4. 描述方向梯度直方图(HOG)方法应用于人脸检测的原理。
5. 结合人脸面部特征点及其生成的人脸特征向量，说明人脸识别的原理。
6. 结合本章案例，说明人脸图像实时采集的基本步骤。
7. 假定人脸识别训练集包含 10 000 人的 100 万幅脸部正面图像，希望采用本章的自定义人脸识别模型进行训练，应该如何修改输出层的参数设置？
8. VGG-Face 模型结构上有何特点？

9. 在做人脸识别方面，余弦相似度与欧氏距离相比有何优点？有何缺点？

10. 描述客户机向服务器发送人脸图像并接收服务器识别结果的逻辑步骤。

**二、编程题**

本章案例实现了分布式实时人脸签到考勤的应用设计，客户机与服务器之间采用 Socket 技术通信。参照第 5 章的 Web API 服务模式修改服务器设计，构建基于 Web 服务的人脸识别系统。

# 第 9 章 机器人聊天 App

本章案例基于 HTTP,实现了与远程图灵机器人的人机对话。基于 Socket 编程方法,实现了四种类型的服务器与客户机设计,包括聊天服务器与客户机、文件服务器与客户机、图片服务器与客户机、语音和视频服务器与客户机。完成了自由定制的群聊、私聊、发送表情包、图片上传与下载、文件上传与下载、多媒体聊天等多媒体通信设计。

## 9.1 图灵机器人

图灵机器人是一款以语义和对话技术为核心的人工智能产品,其愿景是让机器人成为人类最信赖的伙伴,其使命是实现人机自由对话,网址为 http://www.turingapi.com/。

目前,图灵机器人赖以训练的通用对话语料达 150 亿条,儿童对话语料达 10 亿条,基础知识库和问答知识库数据 1 亿条,高频知识库数据 1000 万条。注册开发者超过 70 万人,是国内开发者规模最大的聊天机器人开放平台之一。

图 9.1 显示了作者与图灵机器人 Robot 的一段聊天场景,非常有趣,会感觉 Robot 非常调皮,有时候说孩子话,有时候又说大人话,也有耍赖的时候,答不上问题,就原样重复问题,或者要求给他做解释。

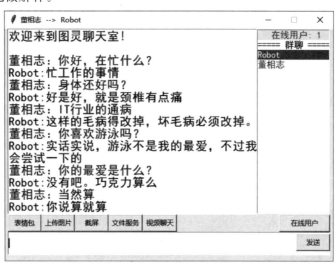

图 9.1 与图灵机器人聊天

图灵机器人完全可以基于行业背景进行个性化定制,据官方网站介绍,目前能够识别23类情绪表达,开放域聊天准确率达 81.64%,行业知识定制准确率达 96.34%,其知识图谱能够描绘千万级的实体关系,支持基于逻辑关系的知识推理。

开发者需要首先到图灵机器人官方网站注册,获得专属机器人的唯一标识,然后可以根据项目需要定制机器人知识库。开发者调用机器人 API 开放接口的方法如程序段 P9.1 所示。

```
P9.1  # 调用图灵机器人 API 开放接口的方法 call_robot()
01  apikey = '707f00d2a6304970a1993c964fc69274'        # 修改为注册的机器人标识
02  url = 'http://openapi.tuling123.com/openapi/api/v2' # 机器人 API 接口
03  def call_robot(url, apikey, question):
04      '''
05      功能:与图灵机器人完成一次会话
06      :param url: 图灵机器人 api 接口地址
07      :param apikey: 图灵机器人唯一标识
08      :param question: 发给机器人的问题
09      :return: 机器人的回答
10      '''
11      data = {
12          "reqType": 0,          # 输入类型:0,文本(默认); 1,图片; 2,语音
13          "perception": {
14              "inputText": {                          # 文本信息
15                  "text": question                    # 1~128 字符
16              },
17              # 用户输入图片 URL
18              "inputImage": {     # 图片信息,其后跟的参数信息为 URL 地址,string 类型
19                  "url": "https:// cn.bing.com/images/"
20              },
21              # 用户输入语音地址信息
22              "inputMedia": {     # 语音信息,其后跟的参数信息为 URL 地址,string 类型
23                  "url": "https:// www.1ting.com/"
24              },
25              # 客户端属性信息
26              "selfInfo": {
27                  "location": {                       # 地理位置信息
28                      "city": "烟台",                  # 所在城市,不允许为空
29                      "province": "山东省",            # 所在省份,允许为空
30                      "street": "观海路"               # 所在街道,允许为空
31                  }
32              },
33          },
34          "userInfo": {                               # userInfo 为用户参数,不允许为空
35              "apiKey": apikey,                       # 机器人唯一标识, 32 位
36              "userId": "DreamFuture"                 # 用户的唯一标识,长度小于或等于 32 位
37          }
38      }
39      headers = {'content - type': 'application/ json'} # 必须是 JSON
40      r = requests.post(url, headers = headers, data = json.dumps(data))
41      return r.json()
```

其中的 apikey 为开发者注册的机器人身份唯一标识，类似于个人身份证，图灵机器人的开放 API 接口由 url 参数指定，函数 call_robot() 将问题 question 通过 HTTP 发送给指定的机器人，以 JSON 格式返回机器人的回答。

## 9.2 项目概要设计

视频讲解

客户机与服务器的概要设计如图 9.2 所示，各自包含六个功能模块。

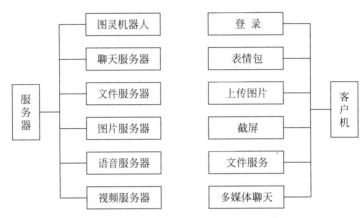

图 9.2 客户机与服务器的概要设计

服务器包含的六个功能模块依次是图灵机器人、聊天服务器、文件服务器、图片服务器、语音服务器和视频服务器。

(1) 图灵机器人。为节约篇幅，本项目不提供图灵机器人的建模描述，而是直接调用图灵机器人的开放 API 接口，基于已有的聊天机器人完成本项目的人机对话设计。

(2) 聊天服务器负责用户的登录和聊天消息的转发，支持群聊与私聊两种模式。为节约篇幅，暂不提供用户注册逻辑。

(3) 文件服务器提供文件上传与下载服务。

(4) 图片服务器接收来自客户机的图片，同时允许下载图片。在本项目实现逻辑中，图片服务器与文件服务器的处理逻辑基本一致。

(5) 语音服务器实现语音的收发逻辑。

(6) 视频服务器实现视频的收发逻辑。

客户机包含的六个功能模块依次是登录、表情包、上传图片、截屏、文件服务以及多媒体聊天服务。

(1) 为了演示上的便利，登录模块不限定用户名，可直接匿名登录。如果不输入用户名，则自动采用客户机 IP 地址作为用户名参与会话过程。

(2) 表情包提供了四种不同表情，用于演示表情包的收发机制。

(3) 上传图片用于将客户机的图片发送到图片服务器的 s_pictures 目录，并自动下载上传的图片到客户机的 c_pictures 目录中。

(4) 截屏模块通过鼠标拖放模式截图。

(5) 文件服务包含上传与下载两个子模块，实现与文件服务器的数据交换。

(6)多媒体聊天包含语音与视频两个子模块,可以实现点对点视频会话,暂不支持视频的群聊模式。

本项目参照了作者王泽在 GitHub 上分享的聊天程序,对其做了一些个性化设计和优化,该案例非常适合网络编程教学,在此向作者王泽致敬。源程序网址为 https://github.com/llze/The-chat-room。

在 PyCharm 中新建项目根目录 chapter9,在 chapter9 下新建子目录 server 和 client,分别用于存放服务器与客户机两端的设计。

创建服务器项目的初始结构,步骤如下。

(1)在 server 下新建子目录 resouces,用于存放客户机上传和下载的文件资源,由文件服务器管理。

(2)在 server 下新建子目录 s_pictures,用于存放客户机上传的图片,由图片服务器管理。

(3)在 server 下新建程序 server.py,这是服务器的主程序,包含聊天服务器、文件服务器和图片服务器的逻辑设计。

创建客户机项目初始结构,步骤如下。

在 client 下新建子目录 c_pictures,用于存放从服务器下载的图片。

在 client 下新建子目录 emoji,用于存放表情包文件。

在 client 下新建程序 vachat.py,包含语音和视频服务器及其客户机的类定义。

在 client 下新建程序 client.py,这是客户机的主程序,包含登录、聊天、文件和视频等所有服务的客户端逻辑设计。

完成后的项目初始结构如图 9.3 所示。

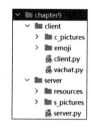

图 9.3 项目初始结构

## 9.3 服务器主程序

服务器主程序的逻辑实现如程序段 P9.2 所示。聊天服务器、文件服务器和图片服务器分别封装在三个线程类中。为测试上的便利,设定三个服务器工作于同一 IP 地址,即本地主机地址,端口分别设定为 50007、50008 和 50009。

视频讲解

**P9.2** # 服务器主程序的逻辑实现

```
01  import socket
02  import threading
03  import queue
04  import json
05  import time
06  import os
07  import os.path
08  import requests
09  import sys
10  IP = socket.gethostbyname(socket.gethostname())    # 获取本机 IP
```

```python
11    PORT = 50007                                    # 连接服务器端口
12    apikey = '707f00d2a6304970a1993c964fc69274'     # 修改为注册的机器人标识
13    url = 'http://openapi.tuling123.com/openapi/api/v2'  # 机器人 API 接口
14    que = queue.Queue()                             # 队列存放与客户端交互的信息
15    users = []              # 存放在线用户的信息,格式:[conn, user, addr]
16    lock = threading.Lock()         # 创建线程锁,保证多线程写入数据的完整性
17    # 与图灵机器人会话函数
18    def call_robot(url, apikey, question):
19        pass
20    # 将在线用户存入 online 列表并返回
21    def onlines():
22        online = []
23        for i in range(len(users)):
24            online.append(users[i][1])
25        return online
26    # 定义聊天服务器
27    class ChatServer(threading.Thread):
28        pass
29    # 定义文件服务器
30    class FileServer(threading.Thread):
31        pass
32    # 定义图片服务器
33    class PictureServer(threading.Thread):
34        pass
35    if __name__ == '__main__':
36        cserver = ChatServer(IP,PORT)               # 创建并启动聊天服务器
37        cserver.start()
38        fserver = FileServer(IP,PORT + 1)           # 创建并启动文件服务器
39        fserver.start()
40        pserver = PictureServer(IP,PORT + 2)        # 创建并启动图片服务器
41        pserver.start()
```

第 36~41 行创建服务器线程,服务器运行后,其状态监控界面显示:

```
聊天服务器运行中...
聊天服务器工作地址:('192.168.0.102', 50007)
文件服务器运行中...
文件服务器工作地址:('192.168.0.102', 50008)
图片服务器运行中...
图片服务器工作地址:('192.168.0.102', 50009)
```

视频讲解

## 9.4 聊天服务器

聊天服务器的逻辑设计封装在线程类 ChatServer 中,包含的属性及其成员函数如图 9.4 所示。属性 addr 表示服务器工作地址,属性 s 表示侦听套接字。属性的初始化由 __init__() 函数完成。

成员函数 recv_msg() 负责接收消息,send_msg() 负责向客户机发送消息。移除下线用

户由 delUsers() 函数负责。接收消息与发送消息均定义为独立的线程,线程之间数据的共享由函数 put_queue() 完成。

服务器的地址绑定、启动侦听、处理来自客户机的连接、发送消息线程、接收消息线程均在 run() 函数中实时调度管理。

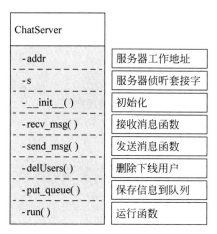

图 9.4　聊天服务器的类设计

ChatServer 类主逻辑设计如程序段 P9.3 所示。

**P9.3　ChatServer 类主逻辑设计**

```
01  class ChatServer(threading.Thread):              # 线程类
02      global users, que, lock                       # 三个全局变量
03      def __init__(self, ip, port):                 # 初始化函数
04          threading.Thread.__init__(self)           # 基类初始化
05          self.addr = (ip, port)                    # 地址属性
06          os.chdir(sys.path[0])                     # 设置当前工作路径
07          self.s = socket.socket(socket.AF_INET, socket.SOCK_STREAM)
08      # 删除下线用户,更新在线列表
09      def delUsers(self, conn, addr):
10          '''
11          功能:更新在线用户列表
12          :param conn: 会话套接字
13          :param addr: 远程客户机地址
14          :return: 无
15          '''
16          a = 0
17          for user in users:                        # 遍历用户列表
18              if user[0] == conn:
19                  users.pop(a)                      # 删除用户
20                  d = onlines()                     # 更新列表
21                  self.put_queue(d, addr)           # 新列表和下线用户的地址一起入队列
22                  print(f'当前在线用户:{d}')
23                  break
24              a += 1
25      # 保存信息到 que 队列
26      def put_queue(self, data, addr):
```

```
27          '''
28          功能：保存信息到队列 que
29          :param data: 数据对象
30          :param addr: 地址对象
31          :return: 无
32          '''
33          lock.acquire()                              # 调用线程锁
34          try:
35              que.put((addr, data))                   # 以元组形式组织数据,地址在前
36          finally:
37              lock.release()                          # 释放线程锁
38      # 将队列 que 中的消息发送给所有在线用户
39      def send_msg(self):
40          pass
41      # 接收消息函数
42      def recv_msg(self, conn, addr):
43          pass
44      def run(self):                                  # 主运行函数
45          print('聊天服务器运行中...')
46          self.s.bind(self.addr)                      # 绑定服务器工作地址
47          print(f'聊天服务器工作地址:{self.addr}')
48          self.s.listen()                             # 服务器开始侦听
49          # 创建并启动消息发送线程
50          send_thread = threading.Thread(target = self.send_msg)
51          send_thread.start()
52          while True:
53              conn, addr = self.s.accept()            # 侦听连接,无连接则阻塞
54              # 创建并启动消息接收线程
55              recv_thread = threading.Thread(target = self.recv_msg, \
56                                             args = (conn, addr))
57              recv_thread.start()
58          self.s.close()
```

第 35 行的语句表明消息队列存储数据是以(addr,data)二元组为单位的,其中 addr 表示远程客户机地址,data 表示来自客户机的消息或者新的在线用户列表。队列的数据结构如图 9.5 所示。

| (地址,列表) | (地址,消息) | … | (地址,消息) | (地址,列表) | (地址,消息) | … |

图 9.5  队列的数据结构

用户列表的元素是形如(套接字,用户名,客户机地址)结构的三元组。

## 9.5 服务器接收消息

视频讲解

聊天服务器接收消息逻辑如图 9.6 所示,分为登录消息与普通聊天消息两类。对于登录消息,按照重名、匿名或正常登录三种情况处理。

接收消息函数 recv_msg()的编码逻辑如程序段 P9.4 所示。

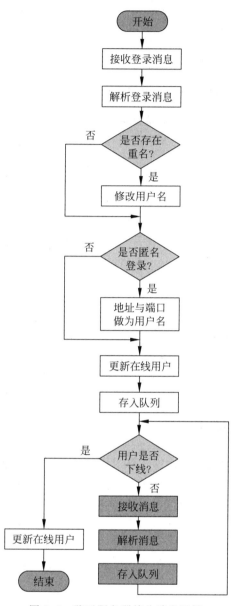

图 9.6　聊天服务器接收消息逻辑

**P9.4**　# 接收消息函数 recv_msg()的编码逻辑
```
01  def recv_msg(self, conn, addr):
02      '''
03      功能：接收用户发到聊天服务器的各种消息
04      :param conn: 与远程客户机会话的套接字
05      :param addr: 远程客户机的地址
06      :return: 无
07      '''
08      # 连接后将用户信息添加到 users 列表
09      user = conn.recv(1024)              # 接收登录消息,无消息则阻塞
10      user = user.decode()                # 解析登录消息
```

```
11                                              # 如果已存在同名登录用户,则末尾加_2
12      for i in range(len(users)):
13          if user == users[i][1]:
14              print('用户已存在\n')
15              user = '' + user + '_2'
16      # 如果登录用户没有命名,则用客户机的'地址:端口'命名
17      if user == 'no':
18          user = addr[0] + ':' + str(addr[1])
19      users.append((conn, user, addr))          # 加入在线列表
20      print(f'\n新连接:{addr}:{user}')           # 显示用户名
21      d = onlines()                             # 更新在线用户列表
22      self.put_queue(d, addr)                   # 列表与客户地址一起存入队列
23      try:
24          while True:                           # 接收消息循环
25              data = conn.recv(1024)            # 接收新消息,无消息则阻塞
26              data = data.decode()              # 解码消息
27              self.put_queue(data, addr)        # 保存信息及其地址到队列
28      except:
29          print(f'\n用户:{user} 已下线\n')
30          self.delUsers(conn, addr)             # 下线用户移出 users
31          conn.close()                          # 关闭会话套接字
```

为简化客户机与服务器的通信协议,接收消息的长度设置为 1024B。如果希望修改为消息头＋消息内容的灵活方式,可以参看第 7 章和第 8 章的案例设计。

## 9.6 服务器发送消息

视频讲解

聊天服务器发送消息的逻辑设计如图 9.7 所示。大类消息分为两类:文本消息和列表消息。文本消息又分为三类:群聊消息、私聊消息和机器人消息。

发送消息函数 send_msg() 的逻辑编码如程序段 P9.5 所示。

```
P9.5     # 发送消息函数 send_msg()的逻辑编码
01    def send_msg(self):
02        while True:                                 # 发送消息循环
03            if not que.empty():                     # 消息队列非空
04                reply_text = ''                     # 机器人回答
05                message = que.get()                 # 取出队列第一个元素,message[1]为数据
06                if isinstance(message[1], str):     # 来自客户机的文本消息
07                    data = message[1].split(':;')   # 解析消息
08                    msg = data[0]                   # 消息
09                    from_user = data[1]             # 发送信息的用户名
10                    to_user = data[2]                           # 聊天对象
11                    # 重构转发的消息
12                    send_msg = '' + from_user + ':' + message[1]
13                    if to_user == '===== 群聊 =====':           # 群聊模式
14                        for i in range(len(users)):             # 遍历用户列表
15                            users[i][0].send(send_msg.encode()) # 向第 i 个用户发消息
16                    elif to_user == 'Robot' and reply_text == '':  # 与机器人聊天
17                        reply = call_robot(url, apikey, msg)    # 调用机器人
```

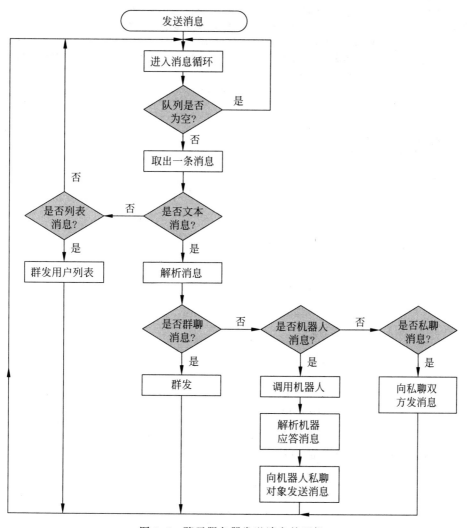

图 9.7 聊天服务器发送消息的逻辑

```
18                  # 析取机器人回答
19                  reply_text = reply['results'][0]['values']['text']
20                  # 重构发送的消息,追加机器人回答
21                  send_msg = send_msg + ':;' + 'Robot:' + reply_text
22                  for j in range(len(users)):
23                      # 向机器人私聊对象发消息
24                      if from_user == users[j][1]:
25                          users[j][0].send(send_msg.encode())
26                          break
27              else:                                    # 私聊
28                  for k in range(len(users)):
29                      if from_user == users[k][1]:
30                          index1 = k
31                      if to_user == users[k][1]:
32                          index2 = k
33                  # 仅向私聊用户发送私聊消息
```

```
34                    users[index1][0].send(send_msg.encode())
35                    users[index2][0].send(send_msg.encode())
36            if isinstance(message[1], list):            # 消息类型为列表
37                data = json.dumps(message[1])           # 列表转换为 JSON 串
38                for i in range(len(users)):             # 向所有用户发送在线列表
39                    users[i][0].send(data.encode())
```

## 9.7 文件服务器

视频讲解

文件服务器的逻辑设计封装在线程类 FileServer 中，包含的属性及其成员函数如图 9.8 所示。属性 addr 表示服务器工作地址，属性 s 表示服务侦听套接字。属性的初始化由 \_\_init\_\_() 函数完成。

图 9.8　文件服务器类设计

成员函数 recvFile() 负责接收文件，函数 sendFile() 负责向客户机发送文件。切换目录由 cd() 函数负责。函数 sendList() 负责向客户机发送目录列表。

接收文件 recvFile()、发送文件 sendFile()、切换目录 cd()、发送目录列表 sendList() 四个函数模块，统一由 call_func() 根据命令类型调度执行。线程 handle_client 通过调用 call_func() 实现文件服务器资源管理。

服务器的地址绑定、启动侦听、处理来自客户机的连接、创建并启动线程 handle_client 的操作均在 run() 函数中调度完成。

文件服务器 FileServer 类的逻辑编码如程序段 P9.6 所示。

```
P9.6   # 文件服务器 FileServer 类的逻辑编码
01     class FileServer(threading.Thread):
02         def __init__(self, ip, port):
03             threading.Thread.__init__(self)
```

```
04          self.addr = (ip, port)
05          self.s = socket.socket(socket.AF_INET, socket.SOCK_STREAM)
06          self.path = r'resources'
07          os.chdir(self.path)                        # 设置当前工作路径
08      # 文件收发线程函数
09      def handle_client(self, conn, addr):
10          '''
11          :功能：处理与客户机的会话
12          :param conn: 连接到远程客户机的套接字
13          :param addr: 远程客户机地址
14          :return: 无
15          '''
16          print(f'客户机地址:{addr} \n')
17          while True:                                # 消息处理主循环
18              data = conn.recv(1024)                 # 接收数据
19              data = data.decode()                   # 解析数据
20              if data == 'quit':                     # 客户机
21                  print(f'客户机:{addr} 文件服务结束!\n')
22                  break
23              order = data.split(' ')[0]             # 获取动作
24              self.call_func(order, data, conn)      # 根据 order 执行不同的操作
25          conn.close()
26      # 向 conn 连接的客户机传输当前目录列表
27      def sendList(self, conn):
28          listdir = os.listdir(os.getcwd())
29          listdir = json.dumps(listdir)
30          conn.sendall(listdir.encode())
31      # 发送文件
32      def sendFile(self, message, conn):
33          '''
34          功能：发送文件
35          :param message:包含文件名称的路径
36          :param conn: 连接远程客户机的套接字
37          :return: 无
38          '''
39          name = message.split()[1]                  # 获取第二个参数(文件名)
40          fileName = r'./' + name
41          # 读取并发送文件
42          with open(fileName, 'rb') as f:
43              while True:
44                  a = f.read(1024)
45                  if not a:
46                      break
47                  conn.send(a)
48          time.sleep(0.1)
49          conn.send('EOF'.encode())                  # 发送文件结束符
50      # 保存上传的文件到当前工作目录
51      def recvFile(self, message, conn):
52          '''
53          功能：接收文件并存储到当前目录
54          :param message:包含文件名称的路径
```

```python
55          :param conn:连接到远程客户机的套接字
56          :return:无
57          '''
58          name = message.split()[1]                          # 获取文件名
59          fileName = r'./' + name
60          # 接收并写入到文件流
61          with open(fileName, 'wb') as f:
62              while True:
63                  data = conn.recv(1024)
64                  if data == 'EOF'.encode():
65                      break
66                  f.write(data)
67      # 切换工作目录
68      def cd(self, message, conn):
69          '''
70          功能: 切换工作目录
71          :param message: 切换方法
72          :param conn: 连接到远程客户机的套接字
73          :return: 无
74          '''
75          message = message.split()[1]                       # 截取目录名
76          if message != 'same':                              # 需要切换
77              f = r'./' + message
78              os.chdir(f)
79          path = os.getcwd().split('\\')                     # 当前工作目录
80          for i in range(len(path)):
81              if path[i] == 'resources':
82                  break
83          pat = ''
84          for j in range(i, len(path)):
85              pat = pat + path[j] + ' '
86          pat = '\\'.join(pat.split())
87          # 如果切换目录超出范围则退回切换前目录
88          if 'resources' not in path:
89              f = r'./resources'
90              os.chdir(f)
91              pat = '服务器资源根目录:'
92          conn.send(pat.encode())                            # 将新目录发送到客户机
93      # 判断消息类型并执行对应的函数
94      def call_func(self, order, message, conn):
95          '''
96          功能: 根据 order 执行不同的任务,收发文件、发送目录、切换目录
97          :param order: 命令类型, 为 get、put、dir、cd
98          :param message: 需要传递的数据
99          :param conn: 连接到远程客户机的套接字
100         :return: 无
101         '''
102         if order == 'get':                                 # 向客户机发文件
103             return self.sendFile(message, conn)
104         elif order == 'put':                               # 服务器接收文件
105             return self.recvFile(message, conn)
```

```
106         elif order == 'dir':                    # 向客户机发送目录列表
107             return self.sendList(conn)
108         elif order == 'cd':                     # 切换目录并发送
109             return self.cd(message, conn)
110     def run(self):                              # 主运行函数
111         print('文件服务器运行中…')
112         self.s.bind(self.addr)
113         print(f'文件服务器工作地址:{self.addr}')
114         self.s.listen()
115         while True:
116             conn, addr = self.s.accept()        # 处理连接,无连接则阻塞
117             # 创建并启动文件收发线程
118             t = threading.Thread(target = self.handle_client, \
119                                  args = (conn, addr))
120             t.start()
121         self.s.close()
```

## 9.8 图片服务器

图片服务器的逻辑设计封装在线程类 PictureServer 中,包含的属性及其成员函数如图 9.9 所示。属性 addr 表示服务器工作地址,属性 s 表示服务器侦听套接字。属性的初始化由 \_\_init\_\_() 函数完成。

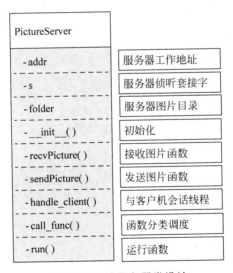

图 9.9 图片服务器类设计

成员函数 recvPicture() 负责接收图片,函数 sendPicture() 负责向客户机发送图片。

接收图片 recvPicture()、发送图片 sendPicture() 统一由 call_func() 根据命令类型调度执行。线程 handle_client 通过调用 call_func() 实现了图片服务器的资源管理。

服务器地址绑定、启动侦听、处理来自客户机的连接、创建并启动线程 handle_client 的操作均在 run() 函数中调度完成。

图片服务器 PictureServer 类设计如程序段 P9.7 所示。

P9.7    # 图片服务器 PictureServer 类的设计
```
01  class PictureServer(threading.Thread):
02      def __init__(self, ip, port):
03          threading.Thread.__init__(self)
04          self.addr = (ip, port)
05          self.s = socket.socket(socket.AF_INET, socket.SOCK_STREAM)
06          os.chdir(sys.path[0])
07          self.folder = './s_pictures/'        # 图片保存文件夹
08      # 与客户机的会话线程函数
09      def handle_client(self, conn, addr):
10          '''
11          功能: 与客户机会话线程函数
12          :param conn: 连接远程客户机的套接字
13          :param addr: 客户机地址
14          :return: 无
15          '''
16          while True:                          # 消息循环
17              data = conn.recv(1024)
18              data = data.decode()
19              print(f'从 {addr} 收到消息: {data}')
20              if data == 'quit':
21                  break
22              order = data.split()[0]          # 获取动作
23              self.call_func(order, data, conn) # 根据 order 分类执行
24          conn.close()
25      # 发送图片函数
26      def sendPicture(self, message, conn):
27          '''
28          功能: 服务器向客户机发送图片
29          :param message: 包含图片文件名称的路径
30          :param conn: 连接到远程客户机的套接字
31          :return: 无
32          '''
33          name = message.split()[1]            # 获取第二个参数(文件名)
34          fileName = self.folder + name        # 将文件夹和图片名连接起来
35          print(f'\n开始发送图片{fileName}...')
36          # 读取并发送文件
37          with open(fileName, 'rb') as f:
38              while True:
39                  a = f.read(1024)
40                  if not a:
41                      break
42                  conn.send(a)                 # 发送
43          time.sleep(0.1)
44          conn.send('EOF'.encode())
45          print(f'\n图片{fileName}已发送!')
46      # 保存上传的图片到当前工作目录
47      def recvPicture(self, message, conn):
```

```python
48          '''
49          功能：接收图片并存储到工作目录 s_pictures 中
50          :param message: 包含图片文件名的路径
51          :param conn: 连接到远程客户机的套接字
52          :return: 无
53          '''
54          name = message.split(' ')[1]            # 获取文件名
55          fileName = self.folder + name           # 将文件夹和图片名连接起来
56          print(f'\n开始接收图片{fileName}...')
57          with open(fileName, 'wb + ') as f:
58              while True:
59                  data = conn.recv(1024)          # 接收
60                  if data == 'EOF'.encode():
61                      print(f'\n图片{fileName}接收并存储完毕！')
62                      break
63                  f.write(data)                   # 存储
64      # 判断收到的消息并执行对应的函数
65      def call_func(self, order, message, conn):
66          '''
67          功能：根据 order 调度函数执行
68          :param order: 图片操作命令为 get、put
69          :param message: 包含文件名的路径
70          :param conn: 连接到远程客户机的套接字
71          :return: 无
72          '''
73          if order == 'get':                      # 客户机下载
74              return self.sendPicture(message, conn)
75          elif order == 'put':                    # 客户机上传
76              return self.recvPicture(message, conn)
77      def run(self):                              # 线程主函数
78          print('图片服务器运行中...')
79          self.s.bind(self.addr)
80          print(f'图片服务器工作地址:{self.addr}')
81          self.s.listen()
82          while True:                             # 图片服务器主循环
83              conn, addr = self.s.accept()        # 无连接则阻塞
84              # 创建并启动与客户机的会话线程
85              t = threading.Thread(target = self.handle_client, \
86                                    args = (conn, addr))
87              t.start()
88          self.s.close()
```

## 9.9 客户机主程序

客户机的主逻辑可划分为登录模块、文本聊天模块、表情包模块、上传图片模块、截屏模块、文件服务模块和多媒天聊天模块。

视频讲解

客户机登录后,运行的初始界面如图 9.10 所示。

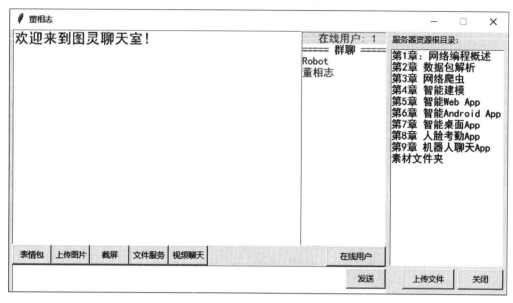

图 9.10 客户机运行的初始界面

客户机主程序逻辑如程序段 P9.8 所示。

**P9.8** # 客户机主程序逻辑 client.py

```
01  import os
02  import json
03  import time
04  import socket
05  import threading
06  import tkinter
07  from time import sleep
08  from PIL import ImageGrab
09  import tkinter.messagebox
10  from tkinter.scrolledtext import ScrolledText
11  from tkinter import filedialog
12  from chapter9.client import vachat
13  from netifaces import interfaces, ifaddresses, AF_INET6
14  IP = socket.gethostbyname(socket.gethostname())   # 获取本机 IP 地址
15  PORT = 50007                                       # 聊天服务器端口
16  user = ''                                          # 存放当前登录用户名
17  listbox1 = ''                                      # 用于显示在线用户的列表框
18  ii = 0                                             # 列表框开关标志
19  users = []                                         # 在线用户列表
20  chat_to = '===== 群聊 ====='                       # 聊天对象,默认为群聊
21  # 创建套接字并连接聊天服务器
22  s = socket.socket(socket.AF_INET, socket.SOCK_STREAM)
23  s.connect((IP, PORT))
24  # 登录模块
25  root1 = tkinter.Tk()                               # 创建 tkinter 窗口
26  root1.title('登录')                                # 标题
```

```python
27  ……
28  # 聊天模块
29  root = tkinter.Tk()
30  root.title(user)                                    # 窗口标题为用户名
31  …
32  # 发送输入的聊天内容到聊天服务器
33  def send_inputTxt( * args):
34      pass
35  # 表情包模块
36  …
37  # 接收聊天服务器消息的会话线程
38  def recv():
39      pass
40  r = threading.Thread(target = recv)                 # 聊天消息接收线程
41  r.setDaemon(True)
42  r.start()                                           # 开始线程接收信息
43  # 上传图片模块
44  def pictureGet(fileName):
45      pass
46  def picturePut(fileName):
47      pass
48  # 上传图片函数
49  def upload_picture():
50      pass
51  # 截屏模块
52  # 定义截屏类
53  class MyCapture:
54      pass
55  # 文件服务器模块
56  def fileClient():
57      pass
58  # 多媒体聊天模块
59  IsOpen = False                                      # 判断视频服务器是否已打开
60  Resolution = 0          # 图像传输的分辨率,有 0~4 个调整级别,依次递减
61  Version = 4                                         # 传输协议版本,IPv4 或 IPv6
62  ShowMe = True                                       # 视频聊天时是否打开本地摄像头
63  AudioOpen = True                                    # 是否打开语音和视频聊天
64  # 视频聊天邀请
65  def video_invite():
66      pass
67  # 接受视频聊天邀请
68  def video_accept(host_ip):
69      pass
70  # 视频聊天邀请窗口
71  def video_invite_window(message, inviter_name):
72      pass
73  # 视频连接参数面板
74  def video_connect_option():
75      pass
76  root.mainloop()                                     # 主控事件消息循环
77  s.close()                                           # 关闭图形界面后关闭 TCP 连接
```

视频讲解

## 9.10 客户机登录

首先运行服务器,然后运行客户机,最先弹出的是"登录"界面,如图 9.11 所示。"登录"界面显示了聊天服务器的地址和端口,此处可以编辑修改。聊天服务器是整个项目的主控服务器。

为简单起见,项目暂不设定数据库注册和验证方式登录,用户名称可以任意输入,如果存在同名用户,则聊天服务器会自动做出修改。如果用户没有输入登录名称,则自动采用登录用户的地址作为用户名称。图 9.12 是匿名登录时给出的提示框。

图 9.11 "登录"界面

图 9.12 匿名登录提示

登录程序的逻辑设计如程序段 P9.9 所示。

**P9.9 ♯ 登录程序的逻辑设计**

```
01   # 登录窗口
02   root1 = tkinter.Tk()                          # 创建 tkinter 窗口
03   root1.title('登录')                           # 标题
04   root1['height'] = 110
05   root1['width'] = 270
06   root1.resizable(0, 0)                         # 固定窗口大小
07   IP1 = tkinter.StringVar()                     # 服务器地址对应的控件变量
08   IP1.set(f'{IP}:{PORT}')                       # 默认显示的 IP 地址和端口
09   User = tkinter.StringVar()                    # 登录用户名控件变量
10   User.set('')
11   # 初始化服务器地址控件
12   labelIP = tkinter.Label(root1, text = '服务器地址')
13   labelIP.place(x = 20, y = 10, width = 100, height = 20)
14   entryIP = tkinter.Entry(root1, width = 80, textvariable = IP1)
15   entryIP.place(x = 120, y = 10, width = 130, height = 20)
16   # 用户登录名控件
17   labelUser = tkinter.Label(root1, text = '用户名称')
18   labelUser.place(x = 30, y = 40, width = 80, height = 20)
19   entryUser = tkinter.Entry(root1, width = 80, textvariable = User)
20   entryUser.place(x = 120, y = 40, width = 130, height = 20)
21   # 登录函数
22   def login( * args):
23       global IP, PORT, user
24       IP, PORT = entryIP.get().split(':')       # 获取 IP 地址和端口号
25       PORT = int(PORT)                          # 端口号需要为 int 类型
26       user = entryUser.get()                    # 获取登录用户名
```

```
27        if not user:
28            tkinter.messagebox.showinfo(\
29                '提示', message = '用户名为空,将用地址作为登录标识!')
30        root1.destroy()                      # 关闭窗口
31 root1.bind('<Return>', login)               # 按 Enter 键事件绑定登录函数
32 # 将"登录"按钮绑定到登录函数
33 but = tkinter.Button(root1, text = '登 录', command = login)
34 but.place(x = 100, y = 70, width = 70, height = 30)
35 root1.mainloop()                            # 登录窗口的事件消息处理函数
36 if user:
37     s.send(user.encode())                   # 发送用户名
38 else:
39     s.send('no'.encode())                   # 没有输入用户名则发送 no
40 # 如果没有用户名,则将 IP 地址和端口号设置为用户名
41 addr = s.getsockname()                      # 获取客户端 IP 地址和端口号
42 addr = addr[0] + ':' + str(addr[1])
43 if user == '':
44     user = addr
```

## 9.11 客户机发送消息

客户机发送的消息由消息内容、发送者用户名和接收者用户名三部分组成,结构如图 9.13 所示,消息内容与发送者之间用特殊符号":;"分隔,发送者用户名与接收者用户名之间用特殊符号":;"分隔。

| 消息内容 | 分隔符 | 发送者用户名 | 分隔符 | 接收者用户名 |

图 9.13  客户机发送消息的结构定义

客户机的消息发送流程如图 9.14 所示。读取消息框之后,消息发送之前,需要首先验证是否指定了聊天对象、是否自己跟自己聊、消息内容是否为空。满足条件之后,按照图 9.13 根据指定的格式重构消息内容,完成消息的发送。

程序段 P9.10 中的函数模块 send_inputTxt 描述了消息发送流程,其他代码描述的是聊天主界面的控件定义、私聊用户选择以及在线列表面板的开关选择。

```
P9.10   # 发送消息及其主界面控件定义
01 # 聊天窗口
02 root = tkinter.Tk()
03 root.title(user)                            # 窗口标题为用户名
04 root['height'] = 400
05 root['width'] = 580
06 root.resizable(0, 0)                        # 固定窗口大小
07 # 创建滚动文本框
08 chatbox = ScrolledText(root, font = ("黑体",16))
09 chatbox.place(x = 5, y = 0, width = 570, height = 320)
10 # 文本框的字体颜色
11 chatbox.tag_config('red', foreground = 'red')
```

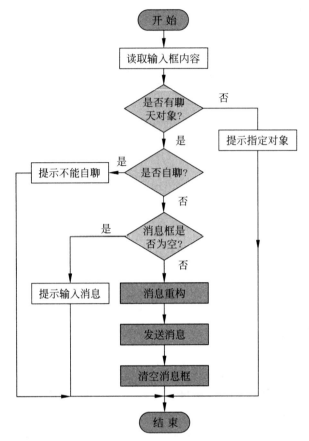

图 9.14 客户机的消息发送流程

```
12    chatbox.tag_config('blue', foreground = 'blue')
13    chatbox.tag_config('green', foreground = 'green')
14    chatbox.tag_config('black', foreground = 'black')
15    chatbox.insert(tkinter.END, '欢迎来到图灵聊天室!', 'blue')
16    # 创建输入文本框和关联变量
17    input_box = tkinter.StringVar()
18    input_box.set('')
19    entry = tkinter.Entry(root, width = 120, textvariable = input_box)
20    entry.place(x = 5, y = 350, width = 570, height = 40)
21    # 发送输入的聊天内容到聊天服务器
22    def send_inputTxt( * args):
23        # 若没有输入内容,发送信息时会提示没有聊天对象
24        users.append(' ===== 群聊 ===== ')
25        users.append('Robot')
26        msg = entry.get()                              # 读取输入框内容
27        if chat_to not in users:
28            tkinter.messagebox.showerror('错误', message = '请指定会话对象')
29            return
30        if chat_to == user:
31            tkinter.messagebox.showinfo('提示', message = '不允许自己跟自己私聊哈')
32            return
```

```
33      if chat_to == 'Robot':
34          print('你正在与图灵机器人会话...')
35      if msg:                                          # 发送的消息不能为空
36          message = msg + ':;' + user + ':;' + chat_to # 重构待发消息
37          s.send(message.encode())                     # 发送消息
38          input_box.set('')                            # 发送后清空文本框
39      else:
40          tkinter.messagebox.showinfo('提示', message = '请输入消息内容')
41  # 创建发送按钮
42  button = tkinter.Button(root, text = '发送', command = send_inputTxt)
43  button.place(x = 515, y = 353, width = 60, height = 30)
44  root.bind('<Return>', send_inputTxt)                 # 绑定按 Enter 键事件发送消息
45  # 创建多行文本框,显示在线用户
46  online_list = tkinter.Listbox(root,font = ("黑体",12))
47  online_list.place(x = 445, y = 0, width = 130, height = 320)
48  # 私聊功能
49  def private( * args):
50      global chat_to
51      # 获取单击的索引,得到用户名
52      indexes = online_list.curselection()
53      index = indexes[0]
54      if index > 0:
55          chat_to = online_list.get(index)
56          # 修改客户端名称
57          if chat_to == ' ===== 群聊 ===== ':
58              root.title(user)
59              return
60          ti = user + ' --> ' + chat_to
61          root.title(ti)
62  # 在显示用户列表框上设置绑定事件
63  online_list.bind('<ButtonRelease - 1>', private)
64  # 在线用户面板开关
65  def online_users():
66      global online_list, ii
67      if ii == 1:                                      # 显示在线用户列表
68          online_list.place(x = 445, y = 0, width = 130, height = 320)
69          ii = 0
70      else:                                            # 关闭在线用户列表
71          online_list.place_forget()
72          ii = 1
73  # 查看"在线用户"按钮
74  button1 = tkinter.Button(root, text = '在线用户', command = online_users)
75  button1.place(x = 485, y = 320, width = 90, height = 30)
```

## 9.12 客户机接收消息

视频讲解

客户机接收服务器消息的逻辑如图 9.15 所示,整个消息处理流程内置于 while 循环中,消息处理步骤如下。

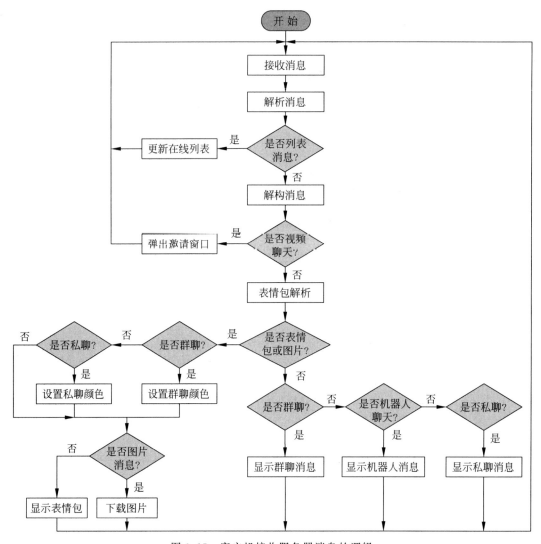

图 9.15 客户机接收服务器消息的逻辑

(1) 接收消息。
(2) 解析消息。
(3) 如果是列表消息,则更新在线列表,返回步骤(1);否则,转步骤(4)。
(4) 解构消息。
(5) 如果是视频聊天,则弹出视频邀请窗口,返回步骤(1);否则,转步骤(6)。
(6) 如果是表情包或者图片消息,则转步骤(7);否则,转步骤(8)。
(7) 按照群聊、私聊、图片消息三种类型分别处理,返回步骤(1)。
(8) 按照群聊、机器人聊天、私聊三种类型分别处理,返回步骤(1)。
客户机接收消息线程函数 recv() 的编码如程序段 P9.11 所示。

**P9.11　# 客户机接收消息线程函数 recv() 的编码**

```
01  def recv():
02      global users
```

```python
03      while True:                                           # 消息主循环
04          data = s.recv(1024)                               # 接收消息
05          data = data.decode()                              # 解析消息
06          msg = data.split(':;')
07          if len(msg) == 1:                                 # 是用户列表消息
08              data = json.loads(data)                       # 还原为列表对象
09              users = data
10              online_list.delete(0, tkinter.END)            # 清空列表框
11              number = '在线用户：' + str(len(data))
12              online_list.insert(tkinter.END, number)
13              online_list.itemconfig(tkinter.END, fg = 'green', bg = "#f0f0ff")
14              online_list.insert(tkinter.END, '===== 群聊 =====')
15              online_list.insert(tkinter.END, 'Robot')
16              online_list.itemconfig(tkinter.END, fg = 'green')
17              for i in range(len(data)):
18                  online_list.insert(tkinter.END, (data[i]))
19                  online_list.itemconfig(tkinter.END, fg = 'green')
20          else:                                             # 是聊天消息
21              data = data.split(':;')
22              data1 = data[0].strip()                       # 消息
23              data2 = data[1]                               # 发送信息的用户名
24              data3 = data[2]                               # 聊天对象
25              if 'INVITE' in data1:
26                  if data3 == 'Robot':
27                      tkinter.messagebox.showerror('错误',
28                      message = '暂不支持与机器人视频聊天！')
29                  elif data3 == '===== 群聊 =====':
30                      tkinter.messagebox.showerror('错误',
31                      message = '暂不支持视频群聊模式！')
32                  elif (data2 == user and data3 == user) or (data2 != user):
33                      # 如果是自己跟自己聊,或者是别人跟自己聊
34                      video_invite_window(data1, data2)# 弹出邀请窗口
35                  continue
36              markk = data1.split(':')[1]
37              # 判断是否为图片
38              pic = markk.split('# ')
39              # 如果是字典里定义的表情包
40              if (markk in dic) or pic[0] == '`':
41                  data4 = '\n' + data2 + ':'# 例:名字 -> \n名字:
42                  if data3 == '===== 群聊 =====':
43                      if data2 == user:                     # 自发消息设置为蓝色
44                          chatbox.insert(tkinter.END, data4, 'blue')
45                      else:                                 # 他发消息设置为绿色
46                          chatbox.insert(tkinter.END, data4, 'green')
47                  elif data2 == user or data3 == user:# 私聊消息显示为红色
48                      chatbox.insert(tkinter.END, data4, 'red')
49                  if pic[0] == '`':
50                                                            # 从服务器端下载发送的图片
51                      pictureGet(pic[1])
52                  else:
53                                                            # 将表情包显示到聊天框
```

```
54                    chatbox.image_create(tkinter.END, image = dic[markk])
55                else:
56                    data1 = '\n' + data1
57                    if data3 == ' ===== 群聊 ===== ':
58                        if data2 == user:                    # 自发消息设置为蓝色
59                            chatbox.insert(tkinter.END, data1, 'blue')
60                        else:                                # 他发消息设置为绿色
61                            chatbox.insert(tkinter.END, data1, 'green')
62                        if len(data) == 4:
63                            chatbox.insert(tkinter.END, '\n' + data[3], 'black')
64                    elif data3 == 'Robot' and data2 == user:   # 与机器人会话
65                        reply_txt = '\n' + data[3]              # 机器人回答
66                        chatbox.insert(tkinter.END, data1, 'blue')   # 自己发的消息
67                        chatbox.insert(tkinter.END, reply_txt, 'black')  # 机器人回答
68                    elif data2 == user or data3 == user:      # 显示私聊
69                        chatbox.insert(tkinter.END, data1, 'red')    # 信息加在最后一行
70                    chatbox.see(tkinter.END)                  # 显示在最后
71    r = threading.Thread(target = recv)                      # 聊天消息接收线程
72    r.setDaemon(True)
73    r.start()                                                # 开始线程接收信息
```

## 9.13 表情包

客户机定义了四种表情包,表情包对应的图片存放于客户端的 emoji 文件夹中。用户之间可以发送表情包交流感情。图 9.16 所示为两个用户私聊模式下的表情包交流。

用户单击"表情包"按钮,弹出表情包面板,单击任意表情包可以完成实时发送,接收方则实时接收。

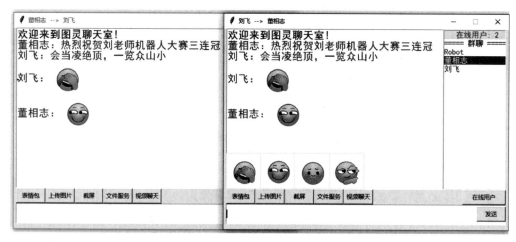

图 9.16 表情包交流模式

表情包的逻辑设计如程序段 P9.12 所示。

```
P9.12    # 表情包的逻辑设计
01       # 用四个按钮定义四种表情包
```

```
02    b1 = b2 = b3 = b4 = ''
03    # 将图片打开存入变量中
04    p1 = tkinter.PhotoImage(file = 'emoji/facepalm.png')
05    p2 = tkinter.PhotoImage(file = 'emoji/smirk.png')
06    p3 = tkinter.PhotoImage(file = 'emoji/concerned.png')
07    p4 = tkinter.PhotoImage(file = 'emoji/smart.png')
08    # 用字典将标识符与表情图片一一对应
09    dic = {'aa**': p1, 'bb**': p2, 'cc**': p3, 'dd**': p4}
10    ee = 0                          # 表情包面板开关标志
11    # 发送表情图标记的函数, 在按钮单击事件中调用
12    def send_mark(exp):              # 参数是表情图对应的标识符
13        global ee
14        # 由表情、发送者、接收者构成的消息
15        mes = exp + ':;' + user + ':;' + chat_to
16        s.send(mes.encode())         # 发送表情消息
17        b1.destroy()
18        b2.destroy()
19        b3.destroy()
20        b4.destroy()
21        ee = 0
22    # 四种表情包的标识符发送函数
23    def bb1():
24        send_mark('aa**')
25    def bb2():
26        send_mark('bb**')
27    def bb3():
28        send_mark('cc**')
29    def bb4():
30        send_mark('dd**')
31    # 表情包面板操控函数
32    def express_board():
33        global b1, b2, b3, b4, ee
34        if ee == 0:                  # 打开表情包面板
35            ee = 1
36            b1 = tkinter.Button(root, command = bb1, image = p1,
37                                relief = tkinter.FLAT, bd = 0)
38            b2 = tkinter.Button(root, command = bb2, image = p2,
39                                relief = tkinter.FLAT, bd = 0)
40            b3 = tkinter.Button(root, command = bb3, image = p3,
41                                relief = tkinter.FLAT, bd = 0)
42            b4 = tkinter.Button(root, command = bb4, image = p4,
43                                relief = tkinter.FLAT, bd = 0)
44            b1.place(x = 5, y = 248)
45            b2.place(x = 75, y = 248)
46            b3.place(x = 145, y = 248)
47            b4.place(x = 215, y = 248)
48        else:                        # 关闭表情包面板
49            ee = 0
50            b1.destroy()
51            b2.destroy()
52            b3.destroy()
```

```
53            b4.destroy()
54    # 表情包面板开关按钮
55    eBut = tkinter.Button(root, text = '表情包', command = express_board)
56    eBut.place(x = 5, y = 320, width = 60, height = 30)
```

视频讲解

## 9.14 上传图片

单击图 9.16 中的"上传图片"按钮,可以打开"文件选择"对话框,选定图片后,图片自动上传到服务器端的 s_pictures 文件夹中,并且为了演示图片的下载功能,程序中自动将上传的图片下载到客户机的 c_pictures 文件夹中。

上传图片的逻辑设计如程序段 P9.13 所示。

```
P9.13  # 上传图片的逻辑设计
01   def pictureGet(fileName):
02       '''
03       功能:从图片服务器的 s_pictures 文件夹中下载图片到客户机的 c_pictures 文件夹中
04       :param name: 文件名
05       :return: 无
06       '''
07       # 连接图片服务器
08       PORT3 = 50009                            # 图片服务器端口
09       ss2 = socket.socket(socket.AF_INET, socket.SOCK_STREAM)
10       ss2.connect((IP, PORT3))
11       message = 'get ' + fileName              # get + 文件名作为待发送的消息
12       ss2.send(message.encode())               # 发送消息
13       fileName = '.\\c_pictures\\' + fileName  # 本地存储路径
14       print(f'\n 开始下载图片到{fileName}...')
15       with open(fileName, 'wb') as f:
16           while True:
17               data = ss2.recv(1024)            # 单次接收 1KB
18               if data == 'EOF'.encode():
19                   break
20               f.write(data)                    # 写到文件中
21       time.sleep(0.1)
22       ss2.send('quit'.encode())                # 告知服务器,下载完成
23       print(f'\n 图片{fileName}下载完毕!')
24   def picturePut(fileName):
25       '''
26       功能:将图片上传到图片服务器端的缓存文件夹 s_pictures 中
27       :param fileName: 文件路径及其名称
28       :return: 无
29       '''
30       PORT3 = 50009                            # 图片服务器工作端口
31       ss = socket.socket(socket.AF_INET, socket.SOCK_STREAM)
32       ss.connect((IP, PORT3))                  # 连接服务器
33       # 截取文件名
34       name = fileName.split('/')[-1]
35       message = 'put ' + name                  # put + 文件名作为待发送的消息
```

```
36        <ss.send(message.encode())>            # 发送消息
37        time.sleep(0.1)
38        print(f'\n 开始上传图片{fileName}...')
39        with open(fileName, 'rb') as f:
40            while True:
41                a = f.read(1024)              # 单次读取 1KB
42                if not a:
43                    break
44                ss.send(a)                    # 发送文件数据块
45                time.sleep(0.1)
46            ss.send('EOF'.encode())           # 发送文件结束符
47            print(f'\n 图片{fileName}上传完毕!')
48        ss.send('quit'.encode())              # 告知服务器,上传完毕
49        time.sleep(0.1)
50        # 上传成功后发一个信息给所有客户端
51        mes = '`#' + name + ':;' + user + ':;' + chat_to
52        s.send(mes.encode())
53    # 上传图片函数
54    def upload_picture():
55        # 打开选择文件对话框
56        fileName = tkinter.filedialog.askopenfilename(title = '选择上传图片')
57        # 如果有选择文件才继续执行
58        if fileName:
59            # 调用发送图片函数
60            picturePut(fileName)
61    # 创建"上传图片"按钮,按钮绑定到 upload_picture()函数
62    pBut = tkinter.Button(root, text = '上传图片', command = upload_picture)
63    pBut.place(x = 65, y = 320, width = 60, height = 30)
```

## 9.15 截屏

视频讲解

截屏是聊天过程中经常使用的一个便捷工具,用户拖动鼠标即可在屏幕任意位置截图,并将截图以文件形式保存。截图编码逻辑封装在 MyCapture 类中,如程序段 P9.14 所示。

**P9.14** # 屏幕截图模块逻辑设计

```
01    # 定义截屏类
02    class MyCapture:
03        def __init__(self, png):
04            # 变量 X 和 Y 用来记录鼠标左键按下的位置
05            self.X = tkinter.IntVar(value = 0)
06            self.Y = tkinter.IntVar(value = 0)
07            # 屏幕尺寸
08            screenWidth = root.winfo_screenwidth()
09            screenHeight = root.winfo_screenheight()
10            # 创建顶级组件容器
11            self.top = tkinter.Toplevel(root, width = screenWidth, \
12                                        height = screenHeight)
```

```
13          # 不显示"最大化"与"最小化"按钮
14          self.top.overrideredirect(True)
15          self.canvas = tkinter.Canvas(self.top, bg = 'white', \
16                                       width = screenWidth, \
17                                       height = screenHeight)
18          # 显示全屏截图,在全屏截图上进行区域截图
19          self.image = tkinter.PhotoImage(file = png)
20          self.canvas.create_image(screenWidth / 2, \
21                                   screenHeight / 2, \
22                                   image = self.image)
23          self.sel = None
24          # 捕获鼠标左键按下的位置
25          def onLeftButtonDown(event):
26              self.X.set(cvent.x)
27              self.Y.set(event.y)
28              # 开始截图
29              self.sel = True
30          # 鼠标左键绑定按下事件函数
31          self.canvas.bind('<Button - 1>', onLeftButtonDown)
32          # 鼠标左键移动,显示选取的区域
33          def onLeftButtonMove(event):
34              if not self.sel:
35                  return
36              global lastDraw
37              try:
38                  # 删除刚画完的图形
39                  self.canvas.delete(lastDraw)
40              except Exception as e:
41                  print(e)
42              lastDraw = self.canvas.create_rectangle( \
43                  self.X.get(), self.Y.get(), \
44                  event.x, event.y, outline = 'black')
45          # 鼠标左键绑定拖动事件函数
46          self.canvas.bind('<B1 - Motion>', onLeftButtonMove)
47          # 获取鼠标左键抬起的位置,保存区域截图
48          def onLeftButtonUp(event):
49              self.sel = False
50              try:
51                  self.canvas.delete(lastDraw)
52              except Exception as e:
53                  print(e)
54              sleep(0.1)
55              # 可能的方式:左上到右下,左下到右上,右上到左下,右下到左上
56              left, right = sorted([self.X.get(), event.x])
57              top, bottom = sorted([self.Y.get(), event.y])
58              pic = ImageGrab.grab((left + 1, top + 1, right, bottom))
59              # 弹出"保存截图"对话框
60              fileName = tkinter.filedialog.asksaveasfilename( \
61                  title = '保存截图',filetypes = [('image', '*.jpg *.png')])
```

```
62          if fileName:
63              pic.save(fileName)
64          # 关闭当前窗口
65          self.top.destroy()
66      # 鼠标左键绑定释放事件函数
67      self.canvas.bind('<ButtonRelease-1>', onLeftButtonUp)
68      # 让canvas充满窗口,并随窗口自动适应大小
69      self.canvas.pack(fill=tkinter.BOTH, expand=tkinter.YES)
70 # 开始截图
71 def captureScreen():
72      # 最小化主窗口
73      root.state('icon')
74      sleep(0.2)
75      filename = 'temp.png'
76      # grab()方法默认对全屏幕进行截图
77      im = ImageGrab.grab()
78      im.save(filename)
79      im.close()
80      # 显示全屏幕截图
81      w = MyCapture(filename)
82      sBut.wait_window(w.top)
83      # 截图结束,恢复主窗口,并删除临时的全屏幕截图文件
84      root.state('normal')
85      os.remove(filename)
86 # 创建"截屏"按钮,绑定到截屏函数
87 sBut = tkinter.Button(root, text='截屏', command=captureScreen)
88 sBut.place(x=125, y=320, width=60, height=30)
```

## 9.16 文件上传与下载

视频讲解

单击聊天窗口上的"文件服务"按钮,可以开关文件服务面板,如图9.17所示。右边的服务器资源根目录显示的是服务器上resources文件夹下的目录列表,包括其中的子目录。

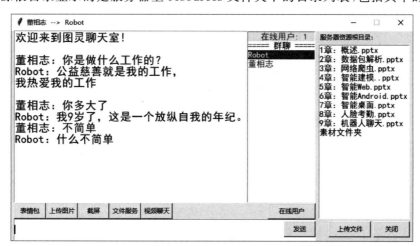

图 9.17 文件服务面板

单击子目录,可以将当前资源视图切换到子目录。

单击其中的文件,自动弹出"文件保存"对话框,完成文件下载。

单击"上传文件"按钮,打开"文件选择"对话框,可以实时上传文件到服务器资源根目录,列表实时更新显示。

客户机的文件上传与下载逻辑设计如程序段 P9.15 所示。

**P9.15　# 客户机的文件上传与下载逻辑设计**

```
01  # 文件上传/下载面板
02  file_list = ''                               # 显示目录的列表框
03  label = ''                                   # 显示路径的标签
04  upload = ''                                  # "上传文件"按钮
05  close = ''                                   # "关闭"按钮
06  # 文件上传/下载面板主控函数
07  def fileClient():
08      PORT2 = 50008                            # 文件服务器的端口
09      # 连接到文件服务器
10      s = socket.socket(socket.AF_INET, socket.SOCK_STREAM)
11      s.connect((IP, PORT2))
12      # 修改 root 窗口大小显示文件管理的组件
13      root['height'] = 390
14      root['width'] = 760
15      # 创建列表框
16      file_list = tkinter.Listbox(root, font = ("黑体",12))
17      file_list.place(x = 580, y = 25, width = 175, height = 325)
18      # 将接收到的目录文件列表打印出来(dir),显示在列表框中
19      def recvList(enter, lu):
20          s.send(enter.encode())               # 发送目录请求
21          data = s.recv(4096)                  # 接收目录数据,单次接收 4KB
22          data = json.loads(data.decode())
23          file_list.delete(0, tkinter.END)     # 清空列表框
24          # 解析并显示目录
25          lu = lu.split('\\')
26          if len(lu) != 1:
27              file_list.insert(tkinter.END, '返回上级目录')
28              file_list.itemconfig(0, fg = 'green')
29          for i in range(len(data)):
30              file_list.insert(tkinter.END, ('' + data[i]))
31              if '.' not in data[i]:
32                  file_list.itemconfig(tkinter.END, fg = 'black')
33              else:
34                  file_list.itemconfig(tkinter.END, fg = 'blue')
35      # 创建标签显示服务器资源根目录
36      def lab():
37          global label
38          data = s.recv(1024)                  # 接收目录
39          lu = data.decode()
40          try:
41              label.destroy()
42              label = tkinter.Label(root, text = lu)
43              label.place(x = 580, y = 0, )
```

```python
44          except:
45              label = tkinter.Label(root, text = lu)
46              label.place(x = 580, y = 0, )
47      recvList('dir', lu)                    # 接收目录
48  # 进入指定目录(cd)
49  def cd(message):
50      s.send(message.encode())               # 发送目录切换消息
51  # 刚连接上服务器端时进行一次面板刷新
52  cd('cd same')
53  lab()                                      # 显示服务器资源目录
54  # 接收下载文件(get)
55  def getFile(message):
56      name = message.split(' ')
57      name = name[1]                         # 获取命令的第二个参数(文件名)
58      # 对话框,选择文件的保存路径
59      fileName = tkinter.filedialog.asksaveasfilename( \
60          title = '保存', initialfile = name)
61      # 如果文件名非空才进行下载
62      if fileName:
63          s.send(message.encode())           # 发送下载文件的请求信息
64          # 开始文件下载并保存
65          with open(fileName, 'wb') as f:
66              while True:
67                  data = s.recv(1024)        # 接收数据块
68                  if data == 'EOF'.encode():
69                      tkinter.messagebox.showinfo(title = '提示',
70                                                  message = '下载完毕!')
71                      break
72                  f.write(data)              # 保存数据块
73  # 创建用于绑定在目录列表框上的函数
74  def run( * args):
75      indexs = file_list.curselection()      # 选择对象的索引
76      index = indexs[0]
77      content = file_list.get(index)         # 获取选择的内容
78      # 如果有一个 . 则为文件
79      if '.' in content:
80          content = 'get ' + content
81          getFile(content)
82          cd('cd same')
83      elif content == '返回上级目录':
84          content = 'cd ..'
85          cd(content)
86      else:
87          content = 'cd ' + content
88          cd(content)
89      lab()                                  # 刷新显示页面
90  # 在列表框上设置绑定事件
91  file_list.bind('<ButtonRelease-1>', run)
92  # 上传客户端指定的文件到服务器端
93  def putFile():
94      # 选择对话框
```

```
95              fileName = tkinter.filedialog.askopenfilename(title = '选择文件')
96              if fileName:
97                  name = fileName.split('/')[-1]
98                  message = 'put ' + name
99                  s.send(message.encode())          # 发送即将上传文件消息
100                 # 读取文件并上传文件
101                 with open(fileName, 'rb') as f:
102                     while True:
103                         a = f.read(1024)          # 文件数据块
104                         if not a:
105                             break
106                         s.send(a)                 # 发送数据块
107                         time.sleep(0.1)
108                     s.send('EOF'.encode())        # 发送文件结束符
109                     tkinter.messagebox.showinfo(title = '提示',
110                                                 message = '文件上传完毕!')
111             cd('cd same')
112             lab()                                 # 上传成功后刷新显示页面
113         # 创建"上传文件"按钮, 并绑定上传文件功能
114         upload = tkinter.Button(root, text = '上传文件', command = putFile)
115         upload.place(x = 600, y = 353, height = 30, width = 80)
116         # 关闭文件管理器
117         def closeFile():
118             root['height'] = 390
119             root['width'] = 580
120             # 关闭连接
121             s.send('quit'.encode())
122             s.close()
123         # 创建"关闭"按钮
124         close = tkinter.Button(root, text = '关闭', command = closeFile)
125         close.place(x = 685, y = 353, height = 30, width = 70)
126     # 创建"文件服务"按钮
127     fBut = tkinter.Button(root, text = '文件服务', command = fileClient)
128     fBut.place(x = 185, y = 320, width = 60, height = 30)
```

## 9.17 视频服务类

视频讲解

打开 client 目录下的 vachat.py 程序,定义用于视频通信的服务器类 Video_Server 和视频客户端类 Video_Client,编码如程序段 P9.16 所示。

```
P9.16   # 视频服务器类 Video_Server 和客户端类 Video_Client
01  import socket
02  import threading
03  import cv2
04  import struct
05  import pickle
06  import time
07  import zlib
08  import pyaudio
```

```
09  CHUNK = 1024                                          # 数据块长度
10  FORMAT = pyaudio.paInt16                              # 音频数据格式,16 位二进制数
11  CHANNELS = 2                                          # 通道数
12  RATE = 44100                                          # 音频
13  RECORD_SECONDS = 0.5                                  # 录制时长
14  TERMINATE = False
15  IP = socket.gethostbyname(socket.gethostname())       # 获取本机 IP
16  # 视频服务器
17  class Video_Server(threading.Thread):
18      def __init__(self, port, version) :
19          global TERMINATE
20          TERMINATE = False
21          threading.Thread.__init__(self)
22          self.setDaemon(True)
23          self.ADDR = (IP, port)
24          if version == 4:
25              self.sock = socket.socket(socket.AF_INET, socket.SOCK_STREAM)
26          else:
27              self.sock = socket.socket(socket.AF_INET6, socket.SOCK_STREAM)
28      def __del__(self):
29          global TERMINATE
30          TERMINATE = True
31          self.sock.close()
32          try:
33              cv2.destroyAllWindows()
34          except:
35              pass
36      def run(self):
37          self.sock.bind(self.ADDR)
38          self.sock.listen()
39          print("视频服务器已启动...")
40          print(f"\n 工作地址:{self.ADDR}")
41          conn, addr = self.sock.accept()                # 等待连接,无则阻塞
42          print(f"\n 接受了远程视频客户端{addr}的连接...")
43          data = "".encode("utf-8")
44          payload_size = struct.calcsize("L")            # 打包二进制串的长度
45          cv2.namedWindow('Remote', cv2.WINDOW_AUTOSIZE)
46          while True:                    # 主循环,接收并解析收到的远程视频流数据,逐帧显示
47              while len(data) < payload_size:
48                  data += conn.recv(81920)
49              packed_size = data[:payload_size]
50              data = data[payload_size:]
51              msg_size = struct.unpack("L", packed_size)[0]
52              while len(data) < msg_size:
53                  data += conn.recv(81920)
54              zframe_data = data[:msg_size]
55              data = data[msg_size:]
56              frame_data = zlib.decompress(zframe_data)
57              frame = pickle.loads(frame_data)
58              cv2.imshow('Remote', frame)
59              if cv2.waitKey(1) & 0xFF == 27:
```

```python
60              break
61  # 视频客户端
62  class Video_Client(threading.Thread):
63      def __init__(self, ip, port, showme, level, version):
64          threading.Thread.__init__(self)
65          self.setDaemon(True)
66          self.ADDR = (ip, port)
67          self.showme = showme
68          if int(level) < 3:
69              self.interval = int(level)
70          else:
71              self.interval = 3
72          self.fx = 1 / (self.interval + 1)
73          if self.fx < 0.3:
74              self.fx = 0.3
75          if version == 4:
76              self.sock = socket.socket(socket.AF_INET, socket.SOCK_STREAM)
77          else:
78              self.sock = socket.socket(socket.AF_INET6, socket.SOCK_STREAM)
79          self.cap = cv2.VideoCapture(0)
80          print("视频聊天客户端启动...")
81          print(f"\n视频客户端工作地址:{self.ADDR}")
82      def __del__(self):
83          self.sock.close()
84          self.cap.release()
85          if self.showme:
86              try:
87                  cv2.destroyAllWindows()
88              except:
89                  pass
90      def run(self):
91          while True:
92              try:
93                  self.sock.connect(self.ADDR)
94                  break
95              except:
96                  time.sleep(3)
97                  continue
98          if self.showme:
99              cv2.namedWindow('You', cv2.WINDOW_NORMAL)
100         print("视频客户端已连接...")
101         while self.cap.isOpened():
102             ret, frame = self.cap.read()
103             if self.showme:
104                 cv2.imshow('You', frame)
105                 if cv2.waitKey(1) & 0xFF == 27:
106                     self.showme = False
107                     cv2.destroyWindow('You')
108             sframe = cv2.resize(frame, (0, 0), fx = self.fx, fy = self.fx)
109             data = pickle.dumps(sframe)
110             zdata = zlib.compress(data, zlib.Z_BEST_COMPRESSION)
```

```
111             try:
112                 self.sock.sendall(struct.pack("L", len(zdata)) + zdata)
113             except:
114                 break
115             for i in range(self.interval):
116                 self.cap.read()
```

## 9.18 语音服务类

在 vachat.py 中定义用于语音通信的服务器类 Audio_Server 和语音客户端类 Audio_Client,编码如程序段 P9.17 所示。

**P9.17** ♯ 语音服务器类 Audio_Server 和客户端类 Audio_Client

```
01  # 语音服务器
02  class Audio_Server(threading.Thread):
03      def __init__(self, port, version):
04          threading.Thread.__init__(self)
05          self.setDaemon(True)
06          self.ADDR = (IP, port)
07          if version == 4:
08              self.sock = socket.socket(socket.AF_INET, socket.SOCK_STREAM)
09          else:
10              self.sock = socket.socket(socket.AF_INET6, socket.SOCK_STREAM)
11          self.p = pyaudio.PyAudio()
12          self.stream = None
13  
14      def __del__(self):
15          if self.stream is not None:
16              self.stream.stop_stream()
17              self.stream.close()
18          self.p.terminate()
19      def run(self):
20          global TERMINATE
21          self.sock.bind(self.ADDR)
22          self.sock.listen()
23          print("语音服务器启动...")
24          print(f"\n工作地址:{self.ADDR}")
25          conn, addr = self.sock.accept()
26          print(f"\n接受了远程语音客户端{addr}的连接...")
27          data = "".encode("utf-8")
28          payload_size = struct.calcsize("L")
29          self.stream = self.p.open(format = FORMAT,
30                                    channels = CHANNELS,
31                                    rate = RATE,
32                                    output = True,
33                                    frames_per_buffer = CHUNK
34                                    )
35          while True:
36              if TERMINATE:
```

```python
37                    self.sock.close()
38                    break
39                while len(data) < payload_size:
40                    data += conn.recv(81920)
41                packed_size = data[:payload_size]
42                data = data[payload_size:]
43                msg_size = struct.unpack("L", packed_size)[0]
44                while len(data) < msg_size:
45                    data += conn.recv(81920)
46                frame_data = data[:msg_size]
47                data = data[msg_size:]
48                frames = pickle.loads(frame_data)
49                for frame in frames:
50                    self.stream.write(frame, CHUNK)
51  # 语音客户端
52  class Audio_Client(threading.Thread):
53      def __init__(self, ip, port, version):
54          threading.Thread.__init__(self)
55          self.setDaemon(True)
56          self.ADDR = (ip, port)
57          if version == 4:
58              self.sock = socket.socket(socket.AF_INET, socket.SOCK_STREAM)
59          else:
60              self.sock = socket.socket(socket.AF_INET6, socket.SOCK_STREAM)
61          self.p = pyaudio.PyAudio()
62          self.stream = None
63          print("语音客户端启动...")
64          print(f"\n语音客户端工作地址:{self.ADDR}")
65      def __del__(self):
66          self.sock.close()
67          if self.stream is not None:
68              self.stream.stop_stream()
69              self.stream.close()
70          self.p.terminate()
71      def run(self):
72          while True:
73              try:
74                  self.sock.connect(self.ADDR)
75                  break
76              except:
77                  time.sleep(3)
78                  continue
79          print("语音客户端已连接...")
80          self.stream = self.p.open(format=FORMAT,
81                                   channels=CHANNELS,
82                                   rate=RATE,
83                                   input=True,
84                                   frames_per_buffer=CHUNK)
85          while self.stream.is_active():
86              frames = []
87              for i in range(0, int(RATE / CHUNK * RECORD_SECONDS)):
```

```
88              data = self.stream.read(CHUNK)
89              frames.append(data)
90          senddata = pickle.dumps(frames)
91          try:
92              self.sock.sendall(struct.pack("L", len(senddata)) + senddata)
93          except:
94              break
```

## 9.19 语音和视频控制面板

视频讲解

在 client.py 中定义用于语音和视频通信的控制面板,设定通信参数,包括分辨率、协议版本、显示自己、打开音频四个选项,面板运行界面如图 9.18 所示。

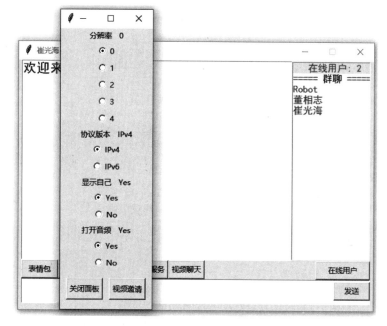

图 9.18 语音和视频聊天参数设置控制面板

语音和视频参数面板编码如程序段 P9.18 所示。

**P9.18** # 语音和视频面板编码
```
01  # 视频连接参数面板
02  def video_connect_option():
03      global Resolution, ShowMe, Version, AudioOpen
04      video_connect_option = tkinter.Toplevel()
05      video_connect_option.geometry('150x450')
06      video_connect_option.title('连接参数')
07      # 定义分辨率面板
08      var1 = tkinter.StringVar()
09      label1 = tkinter.Label(video_connect_option, bg='f0f0f0',\
10                             width = 20, text = '分辨率 ')
11      label1.pack()
```

```
12    def print_resolution():
13        global Resolution
14        Resolution = var1.get()
15        label1.config(text = '分辨率 ' + Resolution)
16    r0 = tkinter.Radiobutton(video_connect_option, \
17                             text = '0', variable = var1, value = '0', \
18                             command = print_resolution)
19    r0.pack()
20    r1 = tkinter.Radiobutton(video_connect_option, \
21                             text = '1', variable = var1, value = '1', \
22                             command = print_resolution)
23    r1.pack()
24    r2 = tkinter.Radiobutton(video_connect_option, \
25                             text = '2', variable = var1, value = '2', \
26                             command = print_resolution)
27    r2.pack()
28    r3 = tkinter.Radiobutton(video_connect_option, \
29                             text = '3', variable = var1, value = '3', \
30                             command = print_resolution)
31    r3.pack()
32    r4 = tkinter.Radiobutton(video_connect_option, text = '4', \
33                             variable = var1, value = '4', \
34                             command = print_resolution)
35    r4.pack()
36    # 定义协议面板
37    var2 = tkinter.StringVar()
38    label2 = tkinter.Label(video_connect_option, bg = 'f0f0f0', \
39                           width = 20, text = '协议版本 ')
40    label2.pack()
41    def print_version():
42        global Version
43        Version = var2.get()
44        label2.config(text = '协议版本 IPv' + Version)
45    v0 = tkinter.Radiobutton(video_connect_option, \
46                             text = 'IPv4', variable = var2, value = '4', \
47                             command = print_version)
48    v0.pack()
49    v1 = tkinter.Radiobutton(video_connect_option, \
50                             text = 'IPv6', variable = var2, value = '6', \
51                             command = print_version)
52    v1.pack()
53    # 是否显示自己
54    var3 = tkinter.StringVar()
55    label3 = tkinter.Label(video_connect_option, bg = '#f0f0f0', \
56                           width = 20, text = '显示自己 ')
57    label3.pack()
58    def print_show():
59        global ShowMe
60        if var3.get() == '1':
61            ShowMe = True
62            txt = 'Yes'
```

```
63            else:
64                ShowMe = False
65                txt = 'No'
66            label3.config(text = '显示自己 ' + txt)
67     s0 = tkinter.Radiobutton(video_connect_option, \
68                              text = 'Yes', variable = var3, value = '1', \
69                              command = print_show)
70     s0.pack()
71     s1 = tkinter.Radiobutton(video_connect_option, \
72                              text = 'No', variable = var3, value = '0', \
73                              command = print_show)
74     s1.pack()
75     # 是否打开语音
76     var4 = tkinter.StringVar()
77     label4 = tkinter.Label(video_connect_option, bg = 'f0f0f0', \
78                            width = 20, text = '打开语音 ')
79     label4.pack()
80     def print_audio():
81         global AudioOpen
82         if var4.get() == '1':
83             AudioOpen = True
84             txt = 'Yes'
85         else:
86             AudioOpen = False
87             txt = 'No'
88         label4.config(text = '打开语音 ' + txt)
89     a0 = tkinter.Radiobutton(video_connect_option, \
90                              text = 'Yes', variable = var4, value = '1', \
91                              command = print_audio)
92     a0.pack()
93     a1 = tkinter.Radiobutton(video_connect_option, \
94                              text = 'No', variable = var4, value = '0', \
95                              command = print_audio)
96     a1.pack()
97     # "关闭面板"按钮
98     def option_close():
99         video_connect_option.destroy()
100    Close = tkinter.Button(video_connect_option,
101                           text = "关闭面板", command = option_close)
102    Close.place(x = 10, y = 400, width = 60, height = 35)
103    # 发出"视频邀请"按钮
104    Start = tkinter.Button(video_connect_option,
105                           text = "视频邀请", command = video_invite)
106    Start.place(x = 80, y = 400, width = 60, height = 35)
107 # 打开"视频聊天"按钮
108 vbutton = tkinter.Button(root, text = "视频聊天", command = video_connect_option)
109 vbutton.place(x = 245, y = 320, width = 60, height = 30)
```

## 9.20 语音和视频聊天主程序

视频讲解

本项目实现了点对点之间的语音和视频聊天,其中发起方扮演语音和视频服务器角色,接受邀请方扮演客户机角色。编码逻辑如程序段 P9.19 所示。

**P9.19** # 语音和视频聊天主程序

```
01  IsOpen = False                    # 判断视频服务器是否已打开
02  Resolution = 0                    # 图像传输的分辨率,有 0~4 个调整级别,依次递减
03  Version = 4                       # 传输协议版本,IPv4 或 IPv6
04  ShowMe = True                     # 视频聊天时是否打开本地摄像头
05  AudioOpen = True                  # 是否打开语音聊天
06  # 视频聊天邀请
07  def video_invite():
08      global IsOpen, Version, AudioOpen
09      if int(Version) == 4:
10          host_ip = socket.gethostbyname(socket.gethostname())
11      else:
12          host_ip = [i['addr'] for i in ifaddresses(interfaces()[-2]) \
13              .setdefault(AF_INET6, [{'addr': 'No IP addr'}])][-1]
14      # 重构邀请消息
15      invite = 'INVITE' + host_ip + ':;' + user + ':;' + chat_to
16      print(f'\n{invite}')
17      s.send(invite.encode())       # 发送视频聊天邀请
18      if not IsOpen:
19          # 创建视频服务器
20          vserver = vachat.Video_Server(10087, Version)
21          if AudioOpen:
22              # 创建语音服务器
23              aserver = vachat.Audio_Server(10088, Version)
24              aserver.start()       # 启动语音服务器
25          vserver.start()           # 启动视频服务器
26          IsOpen = True
27  def video_accept(host_ip):
28      '''
29      功能:接受视频聊天邀请
30      :param host_ip: 邀请者的主机地址,即视频服务器地址
31      :return: 无
32      '''
33      global IsOpen, Resolution, ShowMe, Version, AudioOpen
34      # 创建视频聊天客户端
35      vclient = vachat.Video_Client(host_ip, 10087, ShowMe, \
36                                     Resolution, Version)
37      if AudioOpen:
38          # 创建语音聊天客户端
39          aclient = vachat.Audio_Client(host_ip, 10088, Version)
40          aclient.start()           # 启动语音客户端
41      vclient.start()               # 启动视频客户端
42      IsOpen = False
43  # 视频聊天邀请窗口
44  def video_invite_window(message, inviter_name):
45      '''
46      功能: 定义视频聊天邀请窗口
47      :param message:
48      :param inviter_name: 邀请者用户名
49      :return: 无
50      '''
51      print(message, inviter_name)
52      invite_window = tkinter.Toplevel()
53      invite_window.geometry('300x100')
```

```
54      invite_window.title('邀请')
55      label1 = tkinter.Label(invite_window, bg = '#f0f0f0', \
56                              width = 20, text = inviter_name)
57      label1.pack()
58      label2 = tkinter.Label(invite_window, bg = '#f0f0f0', \
59                              width = 20, text = '邀请你来视频聊天')
60      label2.pack()
61      def accept_invite():            # 接受邀请
62          invite_window.destroy()
63          video_accept(message[message.index('INVITE') + 6:])
64      def refuse_invite():            # 拒绝邀请
65          invite_window.destroy()
66      # 定义邀请面板按钮
67      Refuse = tkinter.Button(invite_window, text = "拒绝",\
68                              command = refuse_invite)
69      Refuse.place(x = 60, y = 60, width = 60, height = 25)
70      Accept = tkinter.Button(invite_window, text = "接受", \
71                              command = accept_invite)
72      Accept.place(x = 180, y = 60, width = 60, height = 25)
```

## 9.21 多场景综合测试

本章案例实现了四种类型的服务器和客户机，即聊天服务器与客户机、文件服务器与客户机、图片服务器与客户机、语音和视频服务器与客户机，包含的功能模块较多，既可以分开逐一测试，也可以做多场景综合测试。

为简化测试步骤，本节在单机上完成了群聊、私聊、与图灵机器人聊天、表情包以及视频聊天的测试。选取了几个有代表性的测试场景，分别如图 9.19～图 9.24 所示。

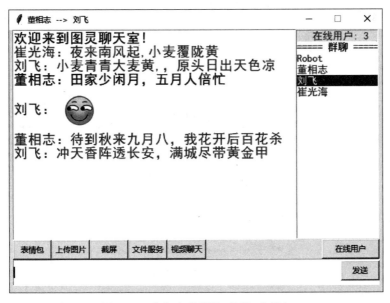

图 9.19 董相志的群聊、私聊、表情包

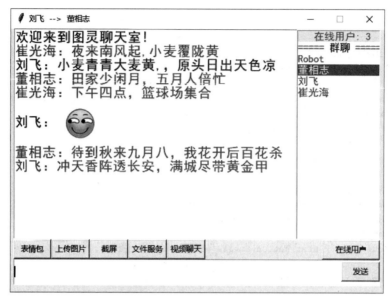

图 9.20　刘飞的群聊、私聊、表情包

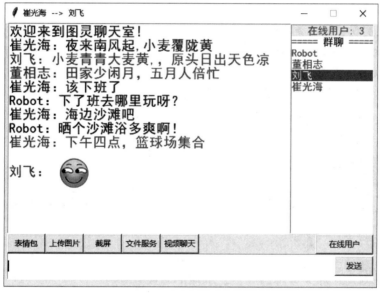

图 9.21　崔光海与机器人私聊及其群聊

图 9.22　董相志发起的视频聊天邀请

图 9.23　己方的视频聊天画面

图 9.24　对方的视频聊天画面

需要指出的是，因为在同一计算机主机上做本地测试，故图 9.23 显示的己方画面与图 9.24 呈现的远程对方画面是相同的。在同一台计算机主机上，用同一个摄像头可以模拟自己跟远程的那个自己的视频聊天测试，想想都是很酷的一件事情。但是语音测试回音很大，无法交流。视频聊天还是应该放到网络环境下做测试。

## 9.22　小结

本章基于 Socket 编程方法，实现了四种类型的服务器与客户机设计，包括聊天服务器与客户机、文件服务器与客户机、图片服务器与客户机、语音和视频服务器与客户机。通过 HTTP 实现了与远程服务器上的图灵机器人的自由会话设计。本章案例具有较高的实践拓展价值与应用价值。

视频讲解

## 9.23　习题

**一、简答题**

1. 通过与图灵机器人的对话，谈谈你对机器人智能水平的认识。
2. 简述调用图灵机器人的 API 参数设定方法。
3. 简述聊天服务器、文件服务器、图片服务器三者之间的关系。
4. 聊天服务器、文件服务器、图片服务器各自定义为线程类，该设计的优点是什么？
5. 简述聊天服务器类的设计。
6. 简述文件服务器类的设计。
7. 简述图片服务器类的设计。
8. 绘图说明服务器发送消息的逻辑步骤。
9. 绘图说明服务器接收消息的逻辑步骤。
10. 客户机与服务器之间交换的消息类型有哪些？其结构是如何设计的？
11. 描述登录模块的逻辑设计。
12. 绘图说明客户机发送消息的逻辑设计。

13. 绘图说明客户机接收消息的逻辑设计。
14. 绘图说明客户机收发表情包的逻辑设计。
15. 绘制文件上传与下载流程图,简述文件上传与下载的逻辑设计。
16. 绘制截屏程序流程图,简述截屏程序的逻辑设计。
17. 绘图说明视频服务器类的逻辑设计。
18. 绘图说明语音和视频服务器类的逻辑设计。
19. 绘图说明语音和视频数据的交换逻辑。
20. 客户机采用 Tkinter 设计图形化界面,描述 root.mainloop()语句的作用。

**二、编程题**

本章案例中的视频聊天和语音聊天是基于 TCP 实现的,发起语音和视频聊天邀请的一方扮演服务器角色,接受邀请的一方扮演客户机角色。基于 UDP 重新设计语音聊天和视频聊天服务器与客户机。

# 附录 A

# 全书项目结构图

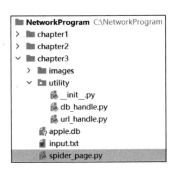

第 1~9 章（不含第 6 章）项目主目录

第 1、2 章项目结构

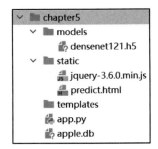

第 3 章项目结构

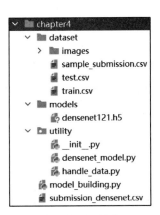

第 4 章项目结构

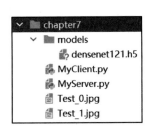

第 5 章项目结构

第 7 章项目结构

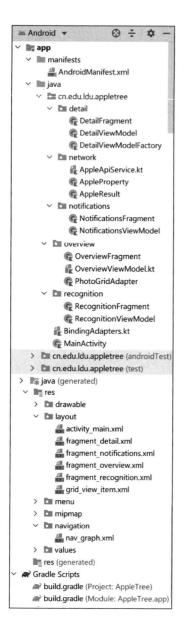

第 6 章项目结构

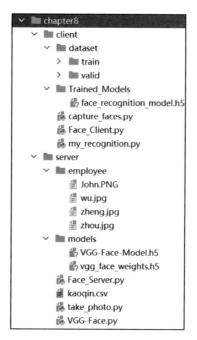

第 8 章项目结构

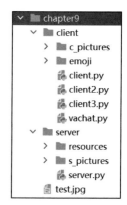

第 9 章项目结构

# 图书资源支持

感谢您一直以来对清华版图书的支持和爱护。为了配合本书的使用,本书提供配套的资源,有需求的读者请扫描下方的"书圈"微信公众号二维码,在图书专区下载,也可以拨打电话或发送电子邮件咨询。

如果您在使用本书的过程中遇到了什么问题,或者有相关图书出版计划,也请您发邮件告诉我们,以便我们更好地为您服务。

**我们的联系方式:**

地　　址:北京市海淀区双清路学研大厦 A 座 714

邮　　编:100084

电　　话:010-83470236　　010-83470237

客服邮箱:2301891038@qq.com

QQ:2301891038(请写明您的单位和姓名)

**资源下载**:关注公众号"书圈"下载配套资源。

资源下载、样书申请

书圈

获取最新书目

观看课程直播